想吃什么就吃什么，怎么吃都长不胖

STAY IN LOVE, STAY IN SHAPE

柳柳 ———— 著

贵州出版集团
贵州人民出版社

图书在版编目（CIP）数据

想吃什么就吃什么，怎么吃都长不胖 / 柳柳著. --贵阳：贵州人民出版社，2024.3
ISBN 978-7-221-18267-8

Ⅰ.①想… Ⅱ.①柳… Ⅲ.①女性－成功心理－通俗读物 Ⅳ.①B848.4-49

中国国家版本馆CIP数据核字(2024)第056787号

XIANGCHISHENMEJIUCHISHENME ZENMECHIDOUZHANGBUPANG
想吃什么就吃什么，怎么吃都长不胖

柳柳 / 著

出 品 人	朱文迅
选题策划	象泽文化
责任编辑	张芊
产品经理	杨柳Yana
封面装帧	熊琼工作室
设计排版	陈皓

出版发行	贵州出版集团　贵州人民出版社
地　　址	贵州省贵阳市观山湖区会展东路SOHO公寓A座
邮　　编	550081
电　　话	0851-86820345
网　　址	http://www.gzpg.com.cn
印　　刷	大厂回族自治县德诚印务有限公司
经　　销	全国新华书店
版　　次	2024年3月第1版
印　　次	2024年3月第1次印刷
开　　本	880毫米×1230毫米 1/32
印　　张	8.75
字　　数	180千
书　　号	ISBN 978-7-221-18267-8
定　　价	69.00元

本书若有质量问题，请与本公司图书销售中心联系调换
电话：(010) 59450048

未经许可，不得以任何方式复制或抄袭本书部分或全部内容
版权所有，侵权必究

分享你的感觉和情绪,你会更健康。

● ● ●

消除阻碍快乐的障碍。

感恩你的身体。

· · ·

你笑得越多,就会越健康。

如果心中有爱,你就活在天堂。

你不会再为未来恐惧,你也不会再感到压力。

明白了生命的每一刻都是珍贵的,你便会真正地活着。

● ● ●

你想拥有什么,就祝福什么。

人生就如同吃自助餐,只选你喜欢的。

· · ·

沉醉于喜悦的思想和欢笑是最有效的提升能量的方法。

喜悦是开启健康之门的钥匙。

· · ·

越抵抗,越持续。

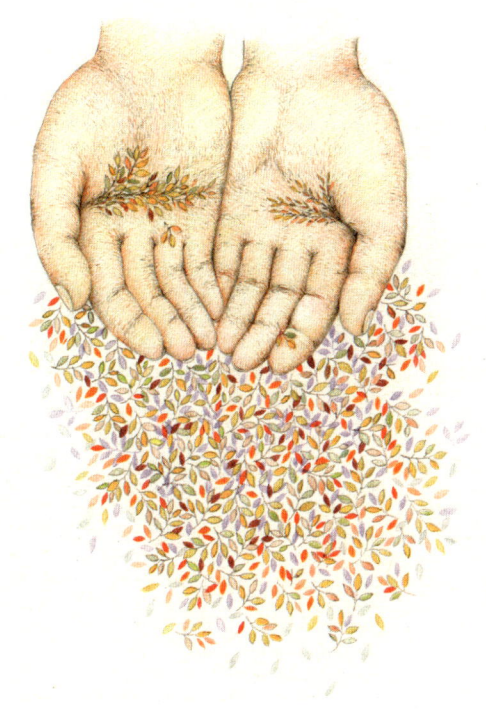

你永远不可能给别人自己没有的东西。

● ● ●

给予即接受。

如果你无法宽恕自己,那么你也无法宽恕别人。

美好的人生充满感恩。

A beautiful life is full of gratitude.

CONTENTS 目录

Chapter 01
越执着，越失去

天下皆知美之为美，斯恶已；皆知善之为善，斯不善已。
——《道德经》

节食、过度运动、暴饮暴食……为了瘦，你惩罚自己比任何人都多。然而，手里的沙子，握得越紧，流失得越快。你越执着的，就越会失去。这沙子，可以是任何我们想要的东西，幸福如此，爱情如此，瘦身同样如此。

爱美是一种智慧 / 002
体重都控制不了，何以控制自己的人生？ / 007
你无法靠节食长期保持身材 / 012
越执着的，越会失去 / 017
你惩罚自己比任何人都多 / 022
你的坏情绪，正在让你变胖 / 027

02 Chapter
越抗拒，越持续

越加关注一个问题，就会越加放大这个问题。当你把问题放在眼前时，那你眼里就全是问题。过于关注减肥的人，说明内心不接受自己的胖，这份不接受恰恰是问题的关键所在。

---

034 / 说什么，想什么，关注什么，就会创造什么

039 / 胖，往往是不接受自己现实的模样

045 / 对别人的评价有瘾，对瘦有瘾

051 / 胖是你觉得自己不值得

056 / 对肥胖越抗拒，肥胖就越持续

061 / 暴食，源于情感匮乏

065 / 节食不可能减肥成功

CONTENTS 目录 | III

Chapter 03
爱自己

做任何事情,如果是因为"我喜欢",那么你就很容易成功。"我喜欢"是能量很强的一句话,它能让你有热情,有毅力,有干劲。同理,对于减肥来说,也请说出"我喜欢"。

健康身材第一步:去掉瘾 / 072
放下心理压力和负面评价 / 077
做任何事都请因为"我喜欢" / 083
当下拥有的,就是最好的 / 087
爱自己,允许自己从心所愿地活着 / 093
深层心理结构改变了,怎么吃也不会胖 / 098
对自己信守承诺,说到做到 / 104

04 Chapter
心"享"事成

一个人不可能经由一个痛苦的旅程而到达一个快乐的目的地。任何事情要想获得成功,必须得享受做这件事的过程,只有这样才能畅快地达到目标。心想不一定事成,但心"享"一定事成。

---

110 / 尊重你身体的灵性

115 / 确保减肥一定成功的秘诀:心"享"事成

120 / 普通人也有改变自己的力量,一切都来得及

125 / 提升思想维度,困扰你的所有问题都将迎刃而解

130 / 只和能为你提供帮助的人谈论问题

135 / 幸福就是拥有什么就珍惜什么,享受什么

140 / 想减肥成功?谈场刻骨铭心的恋爱吧

145 / 热辣滚烫的人生,敢于当下就为自己奋起出拳

CONTENTS 目录 | V

Chapter 05
感恩食物

一个对万事万物都能感恩的人，内心必定是幸福平和的。他会珍惜身边的一切，哪怕是微不足道的一口食物，也会细细品尝，不会因为易得而不在意，随便对待。以这样的心态去吃东西，又如何会因吃得过量而长胖呢？

信任你的身体，它会告诉你该怎么做 / 152
感恩食物能够改变食物的能量转换 / 157
感恩食物最好的方式是：享受它 / 161
细嚼慢咽，就能与身体对话 / 166
食物的质量越高，需要的量就越少 / 171
吃饭时的心理状态远比吃的东西重要得多 / 175
如何知道身体需要什么 / 179
爱自己就是静下心来，好好吃饭 / 184

06 Chapter
和身体在一起

运动是生命中最大的享受，当你运动的时候，你会感到开心，这种开心会加强你的自我肯定，这种自我肯定的感觉累加起来，会让人的身体变得轻盈。运动是享受，而非折磨。

192 / 跑步改变人生

197 / 当你运动时，你就跟身体在一起，你就在当下

202 / 四肢发达，头脑更聪明

207 / 爱运动就是爱自己

211 / 开始运动第一步：走过去换鞋子

216 / 运动不需要坚持

Chapter 07
一切都来得及

不要过于执着地去期盼一些人人都渴望得到的东西，要知道那样东西之所以在你看来很美好，不过是因为你没有得到而已。幸福是珍惜自己拥有的，而不是得到自己没有的。每个人来到这世间都有自己独特的一条路要走，这条路上的风景不比别处差。熟悉的地方并非没有风景，否则，为何每个人居住的地方都有旅游者呢？

人生如赛车，纵有起伏，始终向前 / 222
靠自己，你掌管自己的人生 / 228
你已经足够好 / 233
如果你期盼的瘦没有到来，那说明瘦不是你的最佳利益 / 238
人生永远没有最晚的开始 / 244
人生只有一次，要爱自己 / 249

Chapter 01
越执着，越失去

天下皆知美之为美，斯恶已；皆知善之为善，斯不善已。

——《道德经》

节食、过度运动、暴饮暴食……为了瘦，你惩罚自己比任何人都多。然而，手里的沙子，握得越紧，流失得越快。你越执着的，就越会失去。这沙子，可以是任何我们想要的东西，幸福如此，爱情如此，瘦身同样如此。

爱美是一种智慧

爱美之心，人皆有之。美丽是一种力量，一种智慧，更是所有人的共同追求。现今社会的审美标准，毫无疑问，以体重最为关键，"瘦即是美"几乎成了全民公认的真理。尤其是年轻的女性，不思量减肥的简直是异类。然而，当整个大环境下几乎人人都认同"瘦即是美"，都在倡导健身减肥时，我们是不是应该理性、冷静地思考一下，到底什么是美？瘦是不是真的等同于美？

《庄子·齐物论》有段话讲："毛嫱、丽姬，人之所美也；鱼见之深入，鸟见之高飞，麋鹿见之决骤，四者孰知天下之正色哉？"

意思是说，毛嫱、丽姬是众人欣赏的美女，但是，鱼见了她们就潜入水底，鸟见了她们就飞到高空，麋鹿见了她们就赶紧逃跑，

人类认为美丽的，鱼、鸟、麋鹿却避之唯恐不及，谁知道天下真正的美色是什么？

中国人言古代四大美人，沉鱼落雁，闭月羞花，认为美人之美，鱼雁见之羞愧而走，花月见之而藏，实际果真如此吗？人认为美的，鱼雁未必认为美；鱼雁认为美的，人也未必认为美。子非鱼，焉知鱼之美？

不消说在整个自然界，人类的审美其他动物未必认同。就算是人类本身，美也从来没有客观、统一的标准。众所周知，唐代的美女就是丰腴雍容的，名震四方的大美人杨玉环据说其1.64米的身高，却有将近140斤的体重，可以想见有多丰满。放到今天，她一定会自惭形秽，更不可能居于"四大美女"之列了。

美，是随着时代的需求而不断变化的。最开始，在母系氏族社会，女性美的标准是粗壮结实，盆骨宽大，好生育后代；后来进入春秋战国，生殖功能在上层社会逐渐淡化，纤细、阴柔、妩媚成了女性美的关键因素。现如今，进入了商业社会，审美成了一种商业文化。出于对商业利益的追逐，在媒体的宣传下，瘦身、减肥逐渐蔓延成为全民现象。

在不同的国家、不同的时代，美一直有不同的标准，从来没有固定统一过，各种各样的审美标准在世界各地的各个时代都曾上演过，并且依然上演着。

中国封建时代，人们一度认为"三寸金莲"最美，诗人称其"春葱玉指如兰花，三寸金莲似元宝""露来玉指纤纤软，行处金莲步步娇"，那时候女子能不能嫁个好人家，她的脚裹得够不够小是一条重要的参考标准。

无独有偶，在泰国北部有一个长颈族，长颈族女性颈部比一般人要长很多，最长的一位据说达到了70厘米。她们的颈部结构和常人无异，只是那里的女孩子在5岁时，家人就会在她们的颈部戴上铜圈，铜圈有四五千克，相当于在颈部压了一块重重的枷锁，轻易不让取下来。泰国天气热，炎炎夏日她们只能躲到河里去降温。由于长期佩戴铜圈，颈部变形，脆弱的颈部血管随时可能破裂。

以现代文明著称的欧洲，贵族女性的腰围大小也是一项人们重点关注的审美标准。《乱世佳人》里面斯嘉丽抓住床柱，要女仆使劲儿帮她把腰束细一点的桥段相信很多人看过。欧洲从中世纪一直到近代，女孩在七八岁就开始穿束腰衣，那是用金属或者鲸鱼骨做成的骨架，这样的骨架套在身上，难受程度丝毫不逊于泰国长颈族的铜圈，而且内脏、骨骼等都可能因受挤压而出问题，因此而丧生的人不在少数。

很多人看这些觉得是天方夜谭，离现实很远，可实际上，今天的"以瘦为美"的审美理念难道与上面说到的行为有本质的区别吗？不都是制定一个审美标准，然后让身体来符合这个标准吗？今天的"以瘦为美"，让多少姑娘因为节食减肥而营养不良，进而导致低血糖、低血脂、贫血、月经不调、闭经、胃炎、胃溃疡等健康问题。这样的审美标准又让多少身材丰满的人自怨自艾，在社会的竞争中处于劣势，不敢去争取自己内心所想，在与身材的斗争中徒劳地耗费巨大的能量！

《道德经》有言："天下皆知美之为美，斯恶矣。"大自然千姿百态，树高、花香、草绿，蝴蝶翩跹、蜜蜂共舞，一切和谐共生，才有了美的图景。谁能想象，如果自然界只有一个物种，哪怕是再美的牡丹，却只有这一种，会是什么模样？红花之所以美是因为有绿叶点缀其间，若春天到来，遍地皆是红花，还有多少人能欣赏到红花的美？

《庄子·齐物论》还有一段话："民湿寝则腰疾偏死，鳅然乎哉？木处则惴栗恂惧，猨猴然乎哉？三者孰知正处？民食刍豢，麋鹿食荐，蝍蛆甘带，鸱鸦耆鼠，四者孰知正味？"

这段话的意思是：人睡在潮湿的地方会患腰疾，泥鳅会这样吗？人住在高高的树会惊恐战栗，猿猴会这样吗？人、泥鳅、猿猴，谁最懂得居住的标准呢？人以牲畜的肉为食物，麋鹿以草为食物，蜈蚣以蛇为食物，猫头鹰和乌鸦则爱吃老鼠，人、麋鹿、蜈蚣、猫头鹰和乌鸦究竟谁才懂得真正的美味？

每个人好比不同的种子，在不同的土壤下长成不同的样子，生在南方难免肤色黑一些，生在北方肤色便要白一些；生在水乡，肌肤自然细腻些；生在高原，皮肤自是粗糙些。这些只是因为气候地理环境等不一样而形成的自然结果。即使是同一对父母生下来的孩子也会各有自己的相貌、禀性，"龙生九子，九子各不同"，如何能把相同的标准套用在不同的人身上呢？

俗话说："鞋子是否合脚只有自己知道。"审美，如同婚姻，如同饮食口味，原本是个人的事情，可我们大多数人都不接受自己原本的模样，遵照别人告诉我们的美的模样去打磨自己。我们活在别人的言语中，作茧自缚却浑然不知。

赵本山的《卖拐》大家都看过，如果我们对自己没有信心，不能相信自己，那么就算是健康的人都有可能被忽悠成瘸子。我们每一个人都应该勇敢做自己，不被他人眼光和社会潮流所左右，不被社会舆论所操控，这样，才能活出真正美的自己！

体重都控制不了，何以控制自己的人生？

"要么瘦，要么死，胖子是没有未来的！"

"减肥失败，人生灰暗；减肥成功，傲视群雄！"

"你心灵再美，也是个好心肠的胖子。就算你死了，也是个胖子！"

"没吃饱就一个烦恼，吃饱了就有无数个烦恼。"

"一个女人，如果连自己的体重都控制不了，何以控制自己的人生？"

这些关于减肥的豪言壮语相信不少人都看过、写过、念过，也曾试图用来激励自己。然而，又有几个人能通过外部激励而让自己减肥成功呢？据不完全统计，参与减肥的男性成功率不到0.5%，女性也不足1%。如果你在减肥的路上屡试屡败，也完全用不着因此责怪自己，那只能说明你是一个和大多数人一样的正常人。对于绝大多数人而言，在减肥这条路上都只能感慨"减肥之难，难于上青天"。

那么有没有人想过，为什么市面上的减肥方法层出不穷，如减肥药、减肥茶、瘦身汤、吸脂、针灸、汤浴等，可减肥成功的人却是少之又少，肥胖的人反而越来越多呢？

很多人会及时反省，我吃太多了，我基础代谢太差了，我运动太少了……在减肥这条路上奔波忙碌，强迫自己少吃，强迫自

己多运动，过了没多久却发现自己根本做不到。不知什么时候就吃多了，不知何时运动就懈怠了，辛辛苦苦瘦了几斤，没几天就长了回来。就像希腊神话里面推石头上山的西西弗斯，周而复始，重复做无用功，越减肥越沮丧，越减肥越肥胖，将自己逼进死胡同。

那么你有没有想过，也许从一开始，你的减肥方法就是错的，你对于减肥的观念就是错误的呢？

有些从小接受的观念一旦在头脑中定型，形成条件反射，我们就会本能地排斥新的观念，不管后来再看到多少不同的观点，都会选择性眼盲，视而不见。

有一个故事，说一头小象被绳子拴住，它几经挣扎也无法摆脱，多次反复无果后它无奈放弃。若干年后，它长成了一头强壮的大象，那根绳子根本束缚不了它，它随便就能摆脱绳子走出去，但它却还是被绳子绑着，走不出去。

减肥也是如此，满世界的人都在告诉我们，减肥要少吃多动，要禁绝各种高糖高脂高淀粉食物，要订立目标，要一丝不苟，严格执行，要努力，要坚持。于是我们信以为真，将这些当作减肥的不二法门，压迫自己，跟身体抗争，逼迫自己节食……最终，功亏一篑。

其实，不光是减肥，但凡需要靠毅力、靠坚持去做的事情，成功者都是寥寥无几，因为方向从一开始就错了。对此，我们要做的不是坚持，而是转念，转变自己的观念。真正成功的方法一定是让人快乐的，能给人带去成就感的，做的过程就乐在其中，根本不需要所谓的坚持，有谁做自己喜欢的事情会用到"坚持"二字？

我们的身体不是机械僵化的，它是有灵性的，它能够根据大脑的指示做出不同的生理反应。就好比，我们看到很脏的东西时会想吐，看到很可怕的东西时汗毛会竖起来……如果我们善待身体，身体定然不会长胖。所以，要改变身体，要减肥成功，关键不在于吃什么，怎么运动，不是去尝试那些已经尝试了千百次还没有成功的方法，而在于改变自己的意识，不再与身体对抗。你爱身体，身体才会回馈给你想要的身形。要想拥有全新的身体，就要拥有全新的观念，因为你永远不可能通过旧有的道路到达新的终点。

人的头脑很容易进入小巷思维，一条道走到黑，哪怕这种方法明明自己已经尝试过无数遍但不见效，人们也还是不怀疑方法，而选择怀疑自己，仅仅是因为这世界铺天盖地的宣传，自己便失去了质疑的勇气。其实世间并没有什么颠扑不破的真理，即便是那些流传了上千年的思想也未必适用于今天，鲁迅《狂人日记》里面的那句"从来如此，便对么"，陈胜吴广那句高喊"王侯将相，宁有种乎"，都是对人们一直以来盲目遵守的行为准则进行的质疑。

凡事一定要研究才能明白，只不过大多数人不愿意用心思考，只会按照别人教授的方法按部就班地做。据说在过去，有相当长的一段时间，人们都相信男人的牙齿比女人多，只是因为某位圣人这样说过。然而，这个问题，只要找几个人张开嘴数一数就知道真假了，但却只是因为圣人说过便不再有人质疑。

不管是古圣先贤还是旁人所讲，都不能拿来就用，听来就信，一定要经过亲身验证，才能分辨真假与否。

在进行自己的减肥计划之前真的一定要好好想想，这个方法是不是真的适合自己。

你无法靠节食长期保持身材

一说减肥,很多人首先想到的肯定就是节食,似乎节食是减肥的不二法宝。节食的坏处想必已经不用多说。有没有人想过,现实中有几个人通过节食减肥成功,并且一劳永逸,不再反弹的呢?为什么无数人吃尽了苦头,还执迷不悟呢?为什么减肥路上,节食瘦身的失败者如山似海,还是有无数人前赴后继、蜂拥而上呢?

如果你在节食的道路上走了许久却还是原地踏步,也不用忧伤沮丧,因为不仅普通人如此,那些拥有非同一般学识的人也会如此。耶鲁大学脑神经科学家 Sandra Aamodt 绝对属于高学历群体了,然而,就是这样一位足以让普通人仰望的女性,她从13岁起,就和大多数女人一样,尝试节食减肥。而这一尝试就是30年。在

这漫长的岁月里,她一次次地努力,一次次地反弹,一次次地自责,周而复始,可反弹后的体重却像是她的影子一样,无论如何也挥之不去,可想而知她有多懊恼。

在经过了漫长的试验和沉重的打击之后,Sandra Aamodt 终于开始质疑节食减肥本身的有效性,而不是继续怀疑自己的意志力,与身体做斗争。她决定转换思路,既然节食行不通,那么何不试试规律饮食呢?她放弃了对体重的忧虑,不再节食,选择认真吃饭。试验的结果让她大吃一惊,几个月以后,她的体重就减轻了不少,回到了健康水平,而且在此后多年一直保持着这个体重,没有再反弹。

很多人一说到长胖,都会本能地说自己吃多了。可没有人想过,为什么自己会吃多呢？到底吃多少才算合适呢？脑神经科学家经过研究发现，这个"合适的度"是由大脑来掌握的。大脑并不是一个完美的工具，它有很多缺陷，会根据遗传基因和成长经历为个人量身打造一个理想的体重。如果一个人的体重长期处于某一个范围，大脑习惯之后，就会认为这是正常的；一旦过瘦，它就会认为你"病"了，想方设法让你胖回来。专家们笑称，大脑比姥姥更害怕你饿着。

据统计，在成功通过节食减肥之后的五年内，大多数人体重会反弹，其中40%的人比原来还要重。因为节食会形成一种恶性循环，当你刻意减少自己的食量时，身体会反抗，当全身细胞都喊着要吃东西时，很难有人有长期的意志力与之对抗。丢盔弃甲，败下阵来，几乎是一开始就注定了的结局，这并没什么可自责的，因为没有人能够与身体进行一辈子的消耗战。节食减肥的人一旦没扛住，放开饮食就会变成暴食，原因就在于前期太过压抑，一旦放松就会变成放纵。

鲁迅先生在《在酒楼上》中说过一段话，特别发人深省："我在少年时，看见蜂子或蝇子停在一个地方，给什么来一吓，即刻飞去了，但是飞了一个小圈子，便又回来停在原地点，便以为这实在很可笑，也可怜。"

其实何止蜂子、蝇子总在一个圈里打转，不知道另寻出路，我们人又何尝不是如此！哪怕是减肥这么一件小事，都只会在"节食"的圆圈里打转。明知道这是一条死胡同走不出来，却还是一条道走到黑，不知道寻找其他的方法。

有一句名言："疯狂是什么？是不停地重复做一样的事情，却期待会出现不同的结果。"如果在减肥的路上尝试了无数次节食却还是不成功，那么，为什么不想想，也许问题并不是出在自己身上呢？

人总认为很多事情与自己有关，这在幼儿时期是正常的，也是必要的，因为孩子在刚出生的时候没有自我意识。3岁前的孩子分不清你、我、他，无法区分自我和他人，他自认为是世界的中心，大家都围着他转。慢慢地，随着他长大，他的自我意识也在成长，主客体分离更趋完善，他会逐渐开始探索外部世界。2～3岁的孩子会认为自己"无所不能"，以为自己是全宇宙的中心，什么都想去尝试。这对于孩子来说非常好，也非常必要，因为这样他才有尝试的勇气，应该被鼓励。

随着年龄的增长，我们对外界和自我的认知越来越清晰，人就会认识到，很多事情的发生其实和自己没什么关系。比如面对父母离婚，小孩子会认为是自己造成的，如果自己乖一些，父母就不会离婚，而年纪大一些的孩子就不会有这样的想法。

如果主客体分离没有做好，人可能到成年后还会把所有的事情都归结到自己头上，依然认为自己应该且可以主宰世界，让世界上的一切都围绕自己旋转，当事情不这样时，便陷入迷茫痛苦当中。

胖瘦，就跟个人爱好一样，原本是个人的事情，可是对有些人来说，会认为自己对不起全世界，好像自己体形的肥胖影响了世界环境一样，羞愧得不敢见人。胖从来就不是问题，真正的问题是"不允许自己胖，不接受自己胖"。这种对胖的排斥，因为胖而觉得愧对他人，因为胖而自觉抬不起头的思想才是问题之所在。

当拼命节食却毫无作用时我们或许应该想想，胖就是不美，就是丑，就是不好，这是真的吗？"胖不好""好女不过百"，这些是放之四海而皆准的道理吗？这些道理又是谁告诉你的呢？告诉你这些道理的那个人，他说的是绝对真理吗？

"天地生意，花草一般，何曾有善恶之分？子欲观花，则以花为善，以草为恶；如欲用草时，复以草为善矣。此等善恶，皆由汝心好恶所生，故知是错。"这是王阳明《传习录》里面的一段话，说的是薛侃在拔草的时候问王阳明，为什么善难以培养，而恶难以拔除？王阳明讲："这是因为善恶都是从自己的利益角度生起的念头。"薛侃表示理解不了。王阳明说："天地之间生生不息，如花草一般，哪里有善恶之分？当你想要看花时，就认为花是善的，草是恶的；如果你想要的是草，就会以草为善，以花为恶。可见，善恶的观点，都是由你心中的好恶所产生的。"

善恶如此，美丑也是如此，胖瘦本来并无美丑之分，胖便是丑，这并不是什么真理，只是人们的一种偏见罢了。与其拼命节食，不如好好想想，为什么要耗费如此多的力气与体重做斗争？

越执着的，越会失去

大家都知道，手里的沙子握得越紧，流失得越快。这沙子可以替换成任何我们想要的东西，幸福如此，爱情如此，瘦身同样如此。道理谁都知道，可知其然还得知其所以然，有谁想过为什么吗？为什么你疯狂地爱一个人，时时刻刻想和他/她在一起，他/她却离你越来越远呢？为什么你如此地想要幸福，幸福却如同海市蜃楼可望而不可即呢？为什么你如此地渴望苗条的体形，却怎么也瘦不下来呢？

很简单，从心理上来讲，你越缺少什么，越会对它抓得紧。就好像溺水的人，一根稻草也会被当作救命的绳子紧紧抓住。当你过于执着时，说明你的内心是感到缺失的。你认为自己不配得到，所以才会执着于拥有。如果你是一名亿万富豪，你不会执着于要拥有多少钱，因为你已经有了，在金钱方面你是富足的；如果你的爱人深深地爱着你，你就不会时时刻刻都想知道他/她的行踪，因为你知道，他/她不会离开你……

我们知道，现在高考很重要，如同千军万马过独木桥，所以很多学生在高考前都特别紧张。因为情绪紧张，很多原本学习成绩特别好的学生在考试时发挥不出正常的水平，考不上理想的学校，最后悔恨不已。这其实和上面所说的是一样的道理。对高考成绩过于在意，过于执着，将其视为命运的决定性因素，眼睛里除了高考成绩，看不见任何其他的东西。

英国著名作家狄更斯写有一本小说叫《远大前程》，里面有一位富家女叫哈维沙姆，因为在新婚之日发现未婚夫逃婚，她发现这场婚姻和她以为的爱情从一开始就是个骗局，她从此开始仇恨男人，甚至收养了一个女孩来替自己复仇。她一辈子都穿着结婚时穿的衣服，待在婚房里，房间里的布置也保持着婚礼之日的模样，从未改变。旁人都很清楚，只要她放下这件事，她完全有可能找到一个相爱的人走进婚姻，幸福地生活。可她自己就是陷在被欺骗的痛苦里面不能自拔，大脑完全被恨意所占据，看不到任何其他的可能。

古今中外不少文艺作品描写的守财奴形象中，最著名的当然是葛朗台。他一生聚敛无数财富，家财万贯，可是从来不会多花一分钱。连每天的食物，每天用的蜡烛，他都亲自定量分发，绝对没有一分浪费。临死之时，他甚至对女儿说："把一切照顾得好好的，到那边来向我交账！"可以想象，他的人生已经被财富给捆绑了，不是他拥有财富，而是财富拥有了他。

老师在黑板上画了一个白点，所有人就都只能看见那个白点，看不到那一大块黑板；漆黑的夜晚，天上有一颗星星，所有人也都只会注意到那颗星星，对广袤的夜空都视而不见……我们的头脑只会选择性地看自己想看到的东西。

上考场就会手心冒汗、头脑发蒙、提笔忘字的学生，高考成绩就是他最重要的事。他不知道除了上大学，上好大学之外，人生还有无数的可能。

哈维沙姆因为婚姻的骗局而禁锢了自己一生，被男人欺骗就是她人生的唯一重心。

对于葛朗台而言，金钱就是他的人生重心。

同样，对于心心念念瘦身的人而言，瘦身也是他眼里只看得见的那个重点。他的人生已经完全被体形给束缚了，眼里只看得到胖和瘦，别人不经意的一句话、一个眼神，他都会将其和自己的体形联系上，认为别人在嘲笑他，讽刺他，继而更渴望瘦身成功。

正所谓欲速则不达，越是执着，越是焦虑，越是控制，最终的结果反而越是失控，将事情推向对立面，得不偿失。

当你深深地执着于"一定要瘦，死了都要瘦"时，你的思维就陷入了死胡同里面，看不到这世界上其他的美好。身体是有智慧，有灵性的，它并不是没有觉知的，心身医学认为，精神和情绪上的问题会引起身体的变化。这并不是什么难以理解的事情，上面说的高考紧张会手心冒汗就是其例证。

身体就好像我们的爱人，当你只看到它的缺点，执着于改变，想要控制它，要让它完全变成你想要的样子时，你只会将它推得远远的，最终失去它。只有当我们对身体感到满意，由衷地认可它，欣赏它，尊重它，感谢它，而不是用外在的强力去压迫它，去改变它，身体才会变成我们想要的样子。

我们生活的这个世界是立体的、多元的，就如同自然界可以容纳各种生物一样，我们也可以拥有各种生活。我们会看到各方面都很优秀，生活很幸福的胖子，也会看到各方面都很糟糕，生活极其不幸的瘦子。胖瘦在人生的众多因素当中所占的比重小到几乎可以忽略不计。当我们放手，将精力、时间投入在自己喜欢的事情上时，所获取的成功和快乐会远远超过减肥。

《道德经》说："有无相生，难易相成，长短相形，高下相倾，音声相和，前后相随。"世间万事万物并不拘泥于一种固定的形式。生命的尺度无限宽广，自然界也无比地包容，它允许我们以任何自己愿意接受的模样来生活。这世界有人高，必有人矮；有人瘦，必有人胖；有人白，必有人黑。树上没有两片相同的树叶，人和人又怎么可能长成同一个样子呢？

唯有保持平和的心态，适时放下和调整，才能轻松到达目标，收获圆满结果。

你惩罚自己比任何人都多

打开电脑随意搜索，你会看到在各大减肥网站上减肥者无边的哀鸣，当真是"减肥之难，难于上青天"。可是，在减肥这条路上的人依然前赴后继，节食减肥、药物减肥、运动减肥乃至微创手术等减肥方式，数不胜数。实际上，无数人在减肥路上受尽折磨，甚至有因为减肥而丧命的。

无数人都听过一首经典英文歌曲 Yesterday Once More。1983年2月4日，这首歌的主唱卡伦·卡朋特去世，谁会知道她的离世是因为减肥呢？节食、饮水过多引发了她的肾衰竭、神经性厌食症，再加上其他药物导致的心脏衰竭，最终她在32岁就离开了人世。

而服用减肥药物致病、致死的人不在少数，中国及周边国家，如新加坡、日本都有类似的案例出现。新加坡知名艺人爱丽是娱乐圈一颗冉冉升起的新星，因为认为自己身材不够完美，她买了当地一种知名的减肥药。结果两个月后她被诊断出肝脏衰竭，生命垂危，幸亏男朋友捐献肝脏才保住她的性命。无独有偶，CCTV-1的《今日说法》节目也曾播出过一个因为服用减肥药而失去生命的姑娘，代价之大，让人叹息。

即使是大众认为健康无比、安全有效的运动减肥也要量力而行，否则一样会对身体造成重大损伤。香港著名武打明星惠天赐，为了保持良好的体形，进行地狱式减肥，每餐只吃少量乳酪和水果，却进行大量运动，身体无法承受这种负荷，最终离开人世。

看到这些，我们在扼腕叹息的同时，是否要多想想。全世界都在讲爱，爱父母、爱孩子，爱一切人、惜一切物，我们买回一辆车，会花不菲的价钱定期去4S店保养；买回一件新衣服，也会小心翼翼，唯恐损坏；对自己爱的人，更是对其一颦一笑都十分在意……可实际上，有谁真正地爱着最需要自己去爱的身体呢？

并没有几个人真正懂得爱身体，人们对自己的惩罚比其他人多得多。为了让身体符合大众审美，看看人们对身体都做了些什么。有些人像上述人物一样，为了减肥无所不用其极：节食，常年逼迫自己只吃一点点食物，甚至只喝水，让身体长期处于饥饿状态；吃减肥药，也不看看药物的成分，只要今日能瘦身成功，哪管明日会疾病缠身；做手术，在身体上下大动干戈，恨不能将身体重新塑形；运动，一朝心血来潮要运动，完全不顾身体的承受力，拉伤韧带也在所不惜，恨不能一日将脂肪全都去掉……

当自己情绪不好时，我们更是将身体当成了发泄的对象，压力大了，被领导训斥了，失恋了，离婚了……生活里大大小小的事情都可以成为我们虐待身体的理由。要么不吃不喝，要么大吃大喝，身体成了我们宣泄自己负面情绪的工具，并且不容它反抗。

为了赚钱，或者为了享乐，为了感官刺激，有些人可以熬夜通宵工作，打游戏，看影视剧。即使身体疲惫至极，也不让它休息，而是用酒精、咖啡、尼古丁来提神，导致身体提前衰老。熬夜猝死的新闻，在媒体上也是频频出现。

我们每天都在讲爱，却用比对待奴隶更加残忍的方式对待自己的身体。柏拉图说："身体是灵魂的一件衣服。"实际上，就算身体只是灵魂的一件衣服，它受到的待遇可能都不如我们现实中的一件衣服。如果身体这件衣服破败不堪，灵魂又何处栖身呢？

有一部英国电视剧叫 My Mad Fat Diary（《肥瑞的疯狂日记》），剧中讲一个年轻的英国女孩，因为自身的肥胖而自卑，甚至因为暴食症进了精神病院，成了人们眼中的"疯子"。因为肥胖，她自残，她时时谴责自己，她对自己百般挑剔，任何事情没有做好，都会在心里大骂自己，千般自责，万般羞愧，认为自己一无是处。

然而，谁能将所有的事情都处理得井井有条，毫不犯错呢？小孩子学走路，那是摔了多少次才学会的。从出生到成年，一路上，谁不是边犯错边成长呢？如果一个人从来没有犯过错，那唯一的可能就是他一直在原地踏步。

犯错并不可怕，可怕的是不允许自己犯错；肥胖也并不可怕，可怕的是不让自己肥胖。这世间最可怕的从来就不是事情本身，而是你不允许事情发生。你不允许自己犯错，你就永远也不会成功，因为不犯错的唯一可能就是不去尝试。众所周知，爱迪生发明灯泡试验了 1000 多次。同样，肥胖本身并不是什么值得大惊小怪的事情，造成肥胖的原因有很多，我们在下文会讲到。

在今天，我们能做的就是接受自己比较胖的这个事实，然后在这个事实的基础上修正。如果是错误的饮食方式造成的，那么就改正饮食方式；如果是不良情绪积压造成的，那么就释放心中留存的情绪。我们要明白这一切都是有原因的，不要因为自己胖就羞愧、自卑，认为自己不好，将生活、工作、学习中其他的错误统统归咎于肥胖。这种不客观、不理性的自责和自我惩罚对于改善人生毫无益处，反倒只会让自己沉浸在负面的情绪里不能自拔。

当你因为别人歧视的眼光而自我惩罚时，你等于在用别人的错误来惩罚自己，歧视别人本身就是一种无知的行为，你又怎能因为别人的无知而惩罚自己呢？

人在这世间，最怕的不是别人不爱自己，而是自己不爱自己，因为跟自己朝夕相处的只有你自己，只有你自己最了解自己，其他人都是你生命中的过客。

所以，停止惩罚自己，学会爱自己，欣赏自己的好，相信自己值得拥有世间一切的美好。因为只有爱，才是解决一切问题的真谛。当你深切地热爱着一个人的时候，你会希望从他身上看到任何不好吗？你会跟他怄气，让他不吃不睡或者暴饮暴食吗？不会。

在学会爱这世间万事万物之前，我们最先学会的应该是爱自己的身体。我们要关心它，爱护它，不对它吹毛求疵，不疯狂地希望它变成另外一个样子。爱自己，是一切美好的开始。

你的坏情绪，正在让你变胖

说起长胖的原因，绝大多数人几乎本能地就会说，吃太多了。不可否认，饮食过量是长胖的重要原因，但这肯定不是长胖的唯一原因。实际上，世界上的事情很少有单一原因的，长胖也是如此。减肥如此之难，起因不同也是关键。只有知道长胖的主要原因，才有可能对症下药，事半功倍，而不是盲目地节食，得不偿失。

长胖有几个主要因素。首先，饮食过量。"未雨绸缪"在物资匮乏的年代是一种生存智慧，人会基于本能储存一些脂肪，从而造成了肥胖。其次，饮食结构失衡也是一个核心因素，大多数人都喜欢甜食，因为糖会激活大脑中的多巴胺，多巴胺被激活后会释放一种能刺激神经末梢的化学物质，从而让人感到兴奋。今天超市里琳琅满目的深加工食品都是在投大脑所好，这些食物当中糖的含量都非常高，而糖摄入过多，就容易导致肥胖。再次，现代化的生活方式导致人们活动量过少，睡眠不足，这些都是造成肥胖的关键因素。长期不运动，热量难以转化成肌肉，天长日久就堆积成了脂肪；同时，睡眠不足则会降低新陈代谢能力。另外，身体自身的发育期以及疾病和先天性遗传因素也是造成肥胖的重要因素，所以我们要对症下药。

长胖的原因多种多样，不能不加区分地将肥胖统一归咎于好吃懒做或者意志力低下，是思维上的惰性。如果说饮食和生活方式不当导致的肥胖可以通过自身来调节，那么身体发育、疾病、先天因素导致的肥胖则不是人力可以作为的。因为自己的肥胖而生出羞愧的情绪，只能说明自己对事物的判断过于简单粗暴，不仅在分析问题上有失偏颇，对于解决问题也毫无益处。

《庄子·养生主》篇中有一个故事，说公文轩第一次见到右师，发现他只有一只脚，很惊讶地问：“你是什么人，为什么只有一只脚，这是自然生成的，还是人为造成的呢？”右师说：“这是自然生成的，不是人为的，我生来上天就让我只有一只脚。人的长相完全是上天所赋予的，这就是天然的。”

鱼生长在水里，鹰翱翔于天空，蛇匍匐于地下，这都是顺乎本性的，并没有什么对或者不对。多数人都是一个手掌五根手指，但有的人天生就是一个手掌六根手指。六根手指的人就因为少见而让人奇怪，无非是因为少见多怪罢了。

胖也是如此。有的人天生就胖，如果因此而自惭形秽的话，这一生怕是要在人前抬不起头来了。

当然，因基因、疾病、身体发育等因素导致肥胖的占比不是太高，更多的肥胖其成因和饮食、生活方式有关，而最重要也最为容易被忽视的是情绪积压导致的肥胖。情绪问题，因为来无影去无踪，隐藏得比较深，所以不大引起人们关注，但这种原因导致的肥胖比例却是最高的。

市面上流行的减肥方法，如少吃多动等，都是针对饮食过量和缺乏运动这些因素导致的肥胖，对心理问题导致的肥胖却置若罔闻。但实际上，我们这个时代的生活方式也好，饮食结构也好，无不和人们的心理状态息息相关。如快餐、缺乏运动、睡眠等，从另一个角度来理解，不也是压力过大、过于焦虑导致的吗？否则谁不愿意好好吃顿饭，每天悠闲地运动一会儿呢？

现代人普遍生活压力大，别说成年人了，即便是小孩，也被"不要输在起跑线上"的重担压着，几乎全民都活在重压之下，唯恐被时代的列车甩出了轨道。生活中不断地面临学习、工作、情感、人际关系、经济等问题，这些都会导致人心理失衡。身心一体，这些情绪上的问题会刺激人体分泌出过量的激素如肾上腺素等，对身体不利，导致长胖。

心理学上有一个很著名的现象叫"踢猫效应"。说的是一位销售经理在单位被上级领导训斥，回到办公室后，他愤怒不已，将秘书喊到办公室训斥一顿；秘书无缘无故被人挑剔，心里很愤

怒,就将接线员骂了一顿;接线员莫名其妙被骂,垂头丧气地回到家里,看到儿子,把儿子臭骂一顿;儿子不明就里被父亲训斥,心里很窝火,不敢反抗,就将自己的猫狠狠踢了一脚。最后倒霉的是这只猫。若是不明白事情的源头,只能将这种愤怒传导下去,旁人看到,只会认为问题在猫,而不会寻根探源。

身体也一样,人们看到的疾病、肥胖都只是表象,内在根源也不只是吃多了动少了这么简单。每个人在成长的过程中都会积累各种各样的负面情绪。虽然那些导致各种情绪的事情看起来过去了,但实际上,情绪都被压抑在身体里面。比如,前段时间新闻里报道的,某个30多岁的成年人在路上遇到自己初中时候的老师，狠狠将其揍了一顿，原因是当年这个老师在课堂上当着全班同学的面嘲讽他。可见，这份羞愧和仇恨这么多年一直压在他的心头没有散去。

我们吸收了很多的情绪，却没有消化掉，积压在身体当中。心理学家研究发现，患暴食症的人就是因为其他方面受到压抑，所以通过食物来宣泄心中的能量。

中国人在这方面尤其容易出现问题，因为我们国家的文化对人们在情绪上的表达有诸多禁忌，强调隐忍并视其为美德，诸如"笑不露齿""男儿有泪不轻弹"，这些禁忌会让人在内心深处有很多压抑着没有被释放的情绪。这些没有释放出来的情绪就跟水管里积年的水垢一样，长期不进行清除，会在无形中影响身体健康。

现实中，很少有人关注到这一点，绝大多数人将问题放在有形的物质上，将肥胖简单地归结为是吃得太多所致的，而实际上吃太多本身就是外在表现，而不是问题本源。只有寻根探源才能找到真正的问题所在，也只有如此，才能解决问题。

Chapter 02 越抗拒,越持续

越加关注一个问题,就会越加放大这个问题。当你把问题放在眼前时,那你眼里就全是问题。过于关注减肥的人,说明内心不接受自己的胖,这份不接受恰恰是问题的关键所在。

说什么，想什么，关注什么就会创造什么

喜欢的衣服，要不了多久就穿旧了，不喜欢的，放好几年还是新的；喜欢吃的东西，很快就吃没了，不喜欢吃的东西，放上许久坏了都不知道。超市里，主妇满眼看到的都是蔬菜水果等副食品，而小孩子满眼看到的是玩具……

很多人挂在嘴边的话，多是我不喜欢——我不喜欢穷，不喜欢胖，不喜欢那个人……可是，没有人会说自己喜欢的是什么。有没有人想过这是为什么呢？或者，你所说的不喜欢只是表面的，内心真正的想法却是你很喜欢呢？否则，为什么有时不喜欢却还要死死地抓着呢？

大家都知道潜意识这个词。有潜意识就有显意识，在显意识

上我们都愿意要那些大家认为好的东西，比如苗条的身材，事少钱多离家近的工作，美好的婚姻等。可在潜意识层面并非如此，就像有人喜欢吃甜，有人喜欢吃咸，有人喜欢吃酸，有人喜欢吃辣一样，潜意识并非都喜欢这些。

显意识喜欢的东西大多是人们通过电子媒体、报纸杂志等告诉我们的，潜意识不一定认同。这跟很多年轻人喜欢唱歌，喜欢跳舞，喜欢画画，而他们的父母非要逼迫他们去学法律、学医、考公务员是一样的道理。显意识总想要控制，而潜意识未必听从，当两者意见不一致时，就会发生冲突。

有本很有名的书叫《断舍离》，教导人们怎样过极简生活。

很多人看了之后心动不已,做出各种尝试,忍痛将各种多年不用的物品舍弃。结果几年下来,不知不觉间,曾经舍弃了的东西又都回来了,好不容易清空的屋子又都塞满了。

最终每个人都会发现,真正的断舍离要从心里开始,内心深处的需求不割断,光表面的物质舍弃是没有用的。就好像节食减去的脂肪,只要内在的问题没解决,它还是会长回来。

任何你所关注的东西,不管是喜欢的还是不喜欢的,都是你的潜意识需要的。就好比一个女人陷在一段不好的婚姻关系里,对方羞辱她,伤害她的自尊,完全没有把她放在同等的地位,甚至家暴。她在这段关系里面痛苦不堪,旁人看了都劝她离婚,可她就是不肯,这是为什么呢?她当真在这段关系里什么都没有得到吗?当然不是。她潜意识有深深的恐惧,恐惧老公离开她。她所接受的观念让她认为一个女人是没有办法在这世界上独自生活下去的,内心的恐惧紧紧抓住了她,让她不敢离开;而对方感受到她的这份恐惧和紧抓不放,也会想要摆脱这种控制,所以出现了各种伤害关系的行为。

有的女人,似乎天生具有吸引"家暴男"的体质,遇到一个、两个、三个,都是如此。这时候,一味责怪对方如何坏没有任何意义,只有解决内在问题,改变自己坚如磐石的观念,才能从根本上解决问题。

减肥也一样,过分地关注瘦,是因为自己不愿意接受胖,显意识让你认为胖是不好的,但潜意识并不这样认为。潜意识认为我们也许需要脂肪的保护，也许认为胖是可爱的，胖是安全的。显意识越排斥胖，潜意识出于自我保护的本能就越要维持胖，就好像一个人遭到攻击时会本能地防卫一样。

在生活中可以发现，越是想要减肥的人，对别人的胖越是不能容忍，也越是瞧不起胖子，而真正苗条的人不会过多关注别人的体形。他不会去鄙视别人胖，他的心里对胖瘦没有任何的执念，胖很好，瘦也可以。他不会特别关注他人体形，因为这本身就是一件特别正常的事情。

越加关注一个问题，就会越加放大这个问题。当你把问题放在眼前时，那你眼里就全是问题。过于关注减肥的人，说明内心不接受自己的胖，这份不接受恰恰是问题的关键所在。当你极力地想要减肥时，会发现身边处处都可以看到胖子，处处都可以看到会让人长胖的食物，发现各种行为都会让人长胖。这种感受会使人坐立不安，变成一副枷锁套在头上。这时候，人的内心是崩溃的，是挣扎的，是痛苦的，会更加疯狂地想要瘦下来，但越是急切，就越是不容易成功。

这时候做什么都没有用，我们要放下一定要把自己的身体变成另一副模样的心理需求，对胖瘦不投入过多的关注。想想，当你因为自己胖而感到羞愧时，那些体形苗条的人，他们可曾因此而对你有任何其他的看法吗？如果你爱一个人，你会因为他身上多了几斤肉而嫌弃他吗？同理，如果你爱自己，又怎么会时时关注胖瘦？所以，从此刻开始，不再过多地关注体形，关注减肥信息，在内心里将迫切要减肥的声音关掉,将"我一定要瘦,不瘦不活"的声音替换成"减肥是一件锦上添花的事情,我可以减肥,也可以不减,都很好"。

胖，
往往是不接受自己现实的模样

"如果我变胖了你还喜欢我吗？"

"不喜欢。"

——对女人的问题，男人若是如此回答，女人定然会伤心。

"如果我变胖了你还喜欢我吗？"

"……"

——女儿对妈妈如此问，妈妈大概会给她一个白眼。

真正的爱是不会有嫌弃的，孩子太胖了，父母也会让他减肥，但他们让孩子减肥的心理是希望孩子更优秀，并不是因为孩子不好而嫌弃他。没有几个孩子会在父母面前嫌弃自己胖，但他们在别人面前却会格外地介意，这里面根本的区别就在于，他们知道父母是爱他们的。一个真心爱自己、接受自己的人不会介意自己长胖。

认为自己胖，往往是不接受自己现实的模样。据不完全统计，90%的人对发生在自己身上的很多事情都十分抗拒。

"为什么上天这么不公平，这种事偏偏让我遇到？"

"为什么就我这么胖？"

"为什么他们要那么对待我？"

…………

生活总是不完美的，太多的现实因素导致人与人之间的不同，哪怕是同父同母的兄弟姐妹，也会在长相、智力上有所不同，父母也会有所偏爱，对待他们的态度也会不同。工作上升迁最快的那个可能业绩比自己差得多；亲生的孩子总是跟自己反着来；千挑万选的伴侣远不如自己想象中优秀……

生活不尽人意者太多太多，阻止我们去享受生活的，并不是这些不如意之事，而是我们总希望"事事如意"。不肯接受事情本来的样子，就好像苦瓜原本是苦的，可我们不喜欢，非要让苦瓜变成甜瓜，这怎么可能呢？

当我们认为自己不好、不完美，不爱自己的时候，焦虑、紧张就会紧随而来，而大脑就会本能地想要弥补它，把认为缺失的部分填充完整。但实际上，没有人能填补所有的不完美，因为完美本身就不存在。人生而为人，都是不一样的，真正的问题不是这些不一样，而是太多人不接受这些不一样，都希望自己变成另一个模样。当一个人希望自己变成另外一个样子的时候，就没办法放松，在"现在的模样"和"想要的模样"之间存在着一股对抗的力量，产生了紧张、焦虑。

从医学的角度来看，人体有应激反应本能，当人处于紧张、焦虑的状态时，大脑就会向肾上腺发出信号，释放皮质醇。皮质醇是一种会导致人暴饮暴食的激素，现代人长胖的一个重要原因就是焦虑。很多人会发现，虽然平时好好的，但一旦遇到比较重大的决策时，就会暴饮暴食，这实质上是身体对抗压力的一种方式。

很多暴食症患者都存在严重的社交障碍，不敢见朋友，不想谈恋爱，更深夜静时，会无法抑制地将所有食物都吃到肚子里，这种进食实质上是因为无法面对现实中对自己的一些不满。德国著名心理医生贝贝尔·瓦德茨基博士在分析大量的病例之后发现，女性的暴饮暴食与自我接纳、自我认同之间存在着非常紧密的联系。这些人对安全有着超乎寻常的需求，但又无法真正敞开心扉信任别人，所以她们对于外表的要求也格外高，希望通过和蔼的态度、美丽的外表来获得别人的欣赏和认可。当孤立无援、恐慌害怕时，她们渴望被接纳的心理需求就会显得格外突出，这时候就会下意识地通过吃来压抑这些涌上来的无法承受的痛苦。

引发这种问题的原因很多，比如幼儿时期没有得到好的照顾，被母亲排斥、忽略，饮食喂养上的不当都可能会导致一个人未来对自己的不接纳、不喜欢。在这种环境中长大的孩子，需要花费大量的精力去弥补。而成年后人际关系、事业上的重大挫折也可能会导致一个人对自己深度怀疑，继而将这些自身无法面对的情绪发泄到身体上，导致肥胖或者疾病。

如果一个人深深地被爱着，他是放松的，他心里没有抗拒，没有面具，不用伪装。因为他知道，他原本的模样是被接受的，不会被批判，自己的一举一动在爱他的人眼里都是可爱的，他的

需求会被满足。爱情最好的模样，就是你本来的模样。同样，如果一个人爱自己的身体，身体的所有信号都会原原本本地呈现，需求也会得到满足，身体就不会紧张。在这种情况下，人是不会多吃的，他吃下去的东西都会自然符合身体的需求。

《庄子·外物》开篇就提到，"外物不可必，故龙逢诛，比干戮，箕子狂，恶来死，桀、纣亡。人主莫不欲其臣之忠，而忠未必信，故伍员流于江，苌弘死于蜀，藏其血三年而化为碧。人亲莫不欲其子之孝，而孝未必爱，故孝己忧而曾参悲。木与火相摩而然，金与火相守则流"。

这段的意思是说：外在的事物没有定数，不要强求，所以关龙逢被斩杀，比干遭杀害，箕子被迫装疯，而恶来不能免于一死，桀和纣也身毁国亡。国君都希望臣子效忠于己，可是竭尽忠心未必能够取得信任，所以伍子胥浮尸于江，苌弘身死于蜀，西蜀人珍藏的他的血液三年后竟化作碧玉。做父母的都希望子女孝顺，可是竭尽孝心未必能够得到怜爱，所以孝己忧闷而亡，曾参常常悲泣。木与木相互摩擦就会燃烧，金属跟火相互厮守就会熔化。

每个人从出生到长大，都会经历无数磨难，这当中大多数事情是我们无法掌控的。人的出生，就好像一粒种子被扔到这地球上，会出生在哪里，长成什么样，有怎样的父母，会接受怎样的教育，一路上会遇到什么，这些都是未知的，也不是谁都能掌控的。

刚出生的孩子，会想当然地认为自己能够主宰一切，当发现很多事情超出自己的掌控之时，就会对自己的能力产生深深的怀疑。成年后就该知道，这世间很多事情是个人无能为力的，对父母最孝顺的孩子却怎么也得不到父母的欢心，自己喜欢的对象无论如何也不爱自己……面对这诸多无可奈何，我们能做的不是谴责自己，抱怨环境，而是转变思路，做好自己能做的，欣赏自己已经拥有的,不要试图拼尽一切让自己变得更好,没有人能在对自己千万般不满的同时向上攀高。你必须接受现实的自己,放过自己,不管这个自己有多么"不好",那都是独一无二的你自己。只有放下"过去"的包袱,轻装上阵,才能走向真正理想的自我。

对别人的评价有瘾，对瘦有瘾

这年头最让女人开心的话不是你今天真漂亮，而是你瘦了；对于减肥者来说，最高兴的也不是银行存款数字的增加，而是体重计上不断下降的数值。

"魔镜魔镜，谁是全世界最美丽的女人？"《白雪公主》中美丽而邪恶的皇后，问出了全世界许多女人的心声。有些女人对于别人的评价有着疯狂的执念。当别人评价她美丽时，她的自我认同感会急剧升高；而当别人贬低她时，她会瞬间怀疑自己，贬低自己。很多女性对赞美的需求之高令人匪夷所思，似乎没有这些，便不能活下去。

可是当你在减肥时，有没有想过一个问题："我要的是什么？"

相信很多人不用想就会回答：为了更漂亮。可有没有人深入地想想其背后的心理因素又是什么呢？答案是为了社会集体意识的认同。

太多的人对别人的评价过分在意，迫不及待地想要获得别人的认可。

有一个故事，说非洲草原上，猎豹是所有动物中跑得最快的，名声响彻草原，动物们争相称颂。猎豹也难免自鸣得意，猎鹰却很不以为然地说："你尽管跑得很快，但无法像我一样站在高耸的山顶上俯瞰世界。"

听到此言，猎豹很生气，决定去征服草原上的最高峰，俯瞰世界。动物们对它的雄心壮志纷纷表示称赞，猎豹很开心地出发了。然而，没多久就传来噩耗，猎豹再也回不来了。

草原上的动物为猎豹举行了隆重的追悼会，称其为"草原上最勇敢的猎豹"，独有猎鹰在一旁暗笑。

这种为了自己的利益而采取激将的方法在生活中随处可见，可还是屡屡有人中招，为什么呢？就是因为太多人无法正确面对别人的评价。

《克雷洛夫寓言》中《乌鸦与狐狸》的故事大家都读过，乌鸦因为狐狸的几句赞美之词开口唱歌，将到嘴的肥肉送入了狐狸的口中，这也是被别人的评价所左右的典型代表。

生活中，太多人之所以都沉浸在减肥中无法自拔，很大程度上也是由于整个大环境以瘦为美的评价机制，使人们无法接受自己的胖，拼命减肥。现实中因为减肥而患上厌食症、"减肥瘾"

的人不在少数，这些都是偏执的心理疾病。厌食症是过度节食之后患上的食物恐惧症，而减肥瘾则是对瘦陷入了偏执性追求后形成心理疾病。

新闻曾经报道过一位法国模特 Victoire，她有着一头飘逸的棕发和一双美丽的蓝眼睛。17 岁被星探发现后，她迅速走红，成为时尚界一颗冉冉升起的新星。不到三年时间，她就跻身国际一线模特行列，各大品牌纷纷与她合作，她也不断奔走于米兰、巴黎、伦敦、纽约等国际时装秀场。

经纪公司对她的要求不断提高，衣服尺码一缩再缩，甚至为了能在美国时装周穿上最小尺码的衣服，她每天只吃三个苹果，连水都不能多喝，还时常吃泻药和灌肠药，在几周内从 56 公斤瘦到 47 公斤，要知道 Victoire 身高 1.78 米。如此换来的是她不断脱落的头发，闭经和精神抑郁。体检发现，她的皮肤状态大约在 50 岁，而骨龄在 70 岁，同时她患上了厌食症。

合约期满后，Victoire 毫不犹豫地结束了模特生涯。别人不理解，她说，如果时光可以倒流，她绝不会选择这条路，她宁愿好好吃饭，好好读书。

上瘾的形式多种多样，毒品、赌博、抽烟、喝酒是最为常见的。工作、甜食、购物也会成瘾，但这些相对不太引起人们的关注。而最为重要的瘾，人们几乎不认为有什么不对，那就是获得别人认可的瘾，取悦别人的瘾。太多人渴望得到别人的肯定、别人的认可，所以，人们不顾一切地去减肥，去穿那些根本不舒服的高跟鞋、紧身衣，去做很多自己根本不愿做的事情，不敢拒绝别人，因为害怕别人否定自己。但我们不是人民币，不可能得到所有人的喜爱。

有一个故事叫"爷孙骑驴"，说爷孙俩进城赶集，爷爷骑着驴，孙儿牵着驴走。一个路人看到了，便说："这老人真狠心，自己骑驴，却让孙子走路。"爷爷听了，赶紧把驴让给孙子来骑，自己牵驴走。

没走几步，又有路人说道："这当孙子的也太不孝顺了，老人家一把年纪了，却自己骑着驴，让爷爷走路。"孙子听了，心中惭愧，赶紧让爷爷也骑到驴背上，两人共同骑驴往前走。

没想到，走了没多久，又被一个路人诟病："这爷俩的心真够狠的，两个人骑在这么一头瘦驴上。"爷孙俩一听有道理，自觉对驴太过残酷，于是双双下来，牵着驴一起步行。

走了没几步，又碰到一个人，指着他们说："这爷俩都够蠢的，放着驴不骑，却愿意走路。"

爷孙俩听了此话，四目相对，束手无措，只能待在路上，因为他们完全不知道该怎么办才好了。

这就是典型的没有自己的主见、自己的思想的表现。德国著名哲学家叔本华曾警告世人：不要让自己的大脑变成别人思想的跑马场。尼采也说过同样的话：不能听命于自己者，就要受命于他人。一个人如果没有自己独立的思想，就会像上面的爷孙俩一样，找不到方向，听风就是雨，为了取悦他人而丧失自我。

我们生活在人的世界里，不可能不面对来自四面八方的评价，

《论语》中说子路"闻过则喜",听到别人说他的不好,他就很高兴,因为发现自己的错处就可以改正,正所谓"见贤思齐焉,见不贤则内自省也"。别人的评价应该成为我们认识自己的一个工具,而不能让别人的评价凌驾于自己之上,他人的评价是基于他人的认知而来的,到底是基于什么样的认知我们不可得知,甚至有时候与我们自身未必有多大的关系。这需要我们有足够的辨识力,而不是听到好的或不好的评价一律加以接受,进而要求自己,这不是明智之举。

没有人能取悦所有人,也没有谁能得到所有人的认可。看那些活跃在舞台上的明星就知道,有多少人赞就有多少人骂,所谓"誉

满天下，谤满天下"，再伟大的人也会有人各种诋毁。

要带给他人快乐，唯一的方法是自己先获得真正的快乐；想要他人认可自己，必须先自己认可自己。要把别人的评价当作修正自己的工具，而不要让别人的评价代替自己思考。

胖是你觉得自己不值得

人并不是因为美丽才可爱,而是因为可爱才美丽。同样,一个人对自我的感觉差并不是胖导致的,但对自身评价太低,认为"自己这也不配,那也不值得"的思想却有可能导致肥胖。这不是危言耸听,标新立异。一个人对自己的看法,完完全全地刻在自己体内的每一个细胞里。

认真回顾下,你是不是这样:

当你感到尴尬、困窘的时候,脸会发红;

当你受到恐吓的时候,脸会发白,声音会颤抖;

当你紧张的时侯,手心会潮湿,甚至膝盖会发抖。

电视剧里面也经常有人在遭到恐吓,心理极度恐惧时,会吓

得屁滚尿流……这些都是心理状态对身体造成的影响。同样，每个人的身体都潜藏着对自己全部的看法，一个自我感觉非常好，自我评价非常高的人，他的精神是饱满的，体态也是舒展的——他对自我的感觉好，别人对他的感觉也会好。这种情况下，他不会对外表有太高的要求，对减肥也不会表现出偏执的追求。

相反，一个自我评价低的人，他的精神会相对萎靡，身体也会蜷缩起来，整个人呈现出一种向内收缩的状态。他的自我感觉不好，别人对他的感觉也会不好。如果没有足够的洞察力，不知道问题出在哪里，人们往往会从外表上找原因，尤其是女性。因为这个社会对女性的外表会更在意一些，女性走到社会上，自我认同的需求也会更高一些，所以她们会强烈地执着于减肥。

很多女性早上起来称体重，发现胖了两斤，发现情绪会低落，做什么都没心情；如果瘦了两斤，整个人都会神采飞扬起来。这是因为她将体重与自我评价完全等同了。如果体重增加了，她对自己的评价会急剧降低，可实际上，这两者之间有什么关系呢？难道一个人瘦就值得过好的生活，一个人胖就不能过幸福的生活吗？

在我们成长的道路上，肯定会发生很多让人感觉不好的事情，负面的情绪积压在身体里，没有释放，就会囤积在体内，身体就会变差。一个从小便被禁止表达情绪的人，体态肯定和一个情绪不曾被禁止表达的人不一样。中国文化不倡导情绪的表达，所以人们在体内会压抑不少负面的情绪。医学界早就有研究结果表明，这些压抑的负面情绪和身体健康之间有着相当大的关联。

当一个人内在评价很低，自我感觉很糟糕，认为自己不值得过好日子时，身体怎么可能生机勃勃呢？临床研究也表明，肥胖和多种心理障碍之间有很高的相关度。胖子普遍自尊低，焦虑和抑郁的倾向比较严重，一般人中度和重度情绪抑郁的比例占总人口的7%～10%，但胖子的比例在20%以上，超出普通人2～3倍。反过来，情绪抑郁，自我评价低也会导致身体肥胖，这里面有多种原因。比如，一个人内心对自己不接纳，认为自己不受人喜欢，为了和外界保持距离，潜意识就会让自己长得比较胖，用这种体态上的肥胖为自己打造一个安全的距离。此时身体上的脂肪就好像是一道屏蔽门，给自己带来心理上的安全感。有些人从小就被禁止表达情绪，内心里积压的很多事情无法释怀，这会在身体上形成一些疾病，比如便秘、水肿、脾胃不好，所谓"喝水也会胖"说的大多是这些人。这些人往往新陈代谢也比较差，就好像一个淤积了污泥的管道，天长日久，身体就会显得臃肿不灵活。

如果一个人从小就生活在极其压抑的环境当中，周围的人，比如父母长期贬低其自尊，那他就会适应这种环境，从而将生活也变成父母口中的那样，因为他潜意识已经习惯了这样的生活，另一种生活不在他的视线之内，他想象不到别样的生活，也接受不了不一样的生活。这样的情况下，他就会无意识让自己的身体状况与想象中的生活相符合。生活中可以看到很多人一旦自暴自弃，就会迅速发胖。

限制人生的从来都是自己的心而不是客观现实。刘邦与项羽的故事大家都知道，他俩的思想在年轻时就已显露锋芒。秦始皇外出巡游时，车驾仪仗万千，威风凛凛，路人不敢仰视，纷纷低头，而刘邦却道："大丈夫生当如此。"项羽说的是："彼可取而代之。"

我们的生活是自己思想的外在呈现，如果什么都认为自己不值得、配不上，那一开始便失去了争取的勇气。没有争取好生活的勇气，又怎么可能过上想要的好生活？面对秦始皇这样的威严，大多数人连仰视的勇气都没有，可刘邦和项羽却认为人生就应该这样，如此才有后来的楚汉相争。

减肥之所以屡试屡败，就跟生活中尝试改变其他的习惯一样，很多时候改不掉是因为旧有的模式让人习以为常。人的大脑都是有惰性的，要改变无异于一场大脑革命。在潜意识里面，现在的习惯虽然可能不好，但习惯成自然，已经变成了一种安全感非常高的生活模式。减肥，意味着生活会改变，很多东西会不一样，对于这些，大脑是抗拒的。人都会习惯性地喜欢熟悉的东西，一个人在一种生活模式里持续了几十年，要想改变时会遇到来自自我的巨大阻力，这是很正常的。很多人终其一生都活在父母的指责里，做什么都要和别人比，要得到他人的赞许，否则就会不适应，不知道该怎么生活。

一个人自我感觉好，自我评价高，他就不太会在意外界的评价，别人的说法不会给他带来太多的情绪波动，他也不会为了迁就别人而为难自己。现在很多女性不仅减肥，还不惜花重金整容，这也是自我评价太低，渴望得到外界认可的表现。

减肥，说起来很轻松，但真正需要的却是对自我评价的转变，这需要非常强大的洞察力，因为你"不值得、不配过好的生活"的想法经过天长日久的积累，会让人信以为真，导致很多人未必愿意改变现在的生活模式。

所以吃什么、喝什么，是否运动，这些对减肥来说并不是那么重要，真正重要的是你要让自己的潜意识相信，你值得更好的生活、更苗条的体形，你值得自己和他人的喜爱，这才是重中之重。

对肥胖越抗拒，肥胖就越持续

心理学上有个著名的实验叫"粉红色大象"，就是告诉一群被测试者不要去想象屋子里面有一头粉红色的大象。结果发现，原本根本没想过粉红色大象的人，自此都会不由自主地开始想粉红色的大象，越是努力不想，粉红色大象就越是占据了头脑。失眠的人越是想着睡不着、睡不着，越会睡不着；失恋的人会疯狂地想念曾经的恋人，越是努力地想办法让自己不想，思念就越是强烈……这都源于同样的心理：越抗拒，越持续。

当你抗拒肥胖时，你就把焦点放在了肥胖上，你认为肥胖是问题，潜在地感到恐惧、焦虑。这就好像肥胖是在你门外的一个巨型怪兽，你害怕它会伤害你，于是你把门关上，从里面紧紧抵住。

怪兽是不需要休息的，而你则不然，你不可能二十四小时高度防备，你总会疲倦。你把肥胖当作必须严阵以待的对手，只要你稍微不注意，肥胖就会跑来伤害你。

但你是否想过，肥胖真的会伤害你吗？肥胖是可怕的，肥胖是要排斥的，肥胖会让你的生活变得糟糕，你的人生会因为肥胖而坠入深渊……这些都是真的吗，还是只是你自认为是真的？

有两位心理学家曾经进行过一个有趣的实验，这个实验分别针对两组人，其中一组正在进行节食计划。心理学家先给每一位受试者三份奶昔，后来又给每一位受试者两杯冰激凌，请他们品尝冰激凌的口味。受试者一开始并不知道实验的目的，以为是在进行有关冰激凌口味的市场调查，然而心理学家想知道的是：受试者在吃了奶昔之后，还能吃多少冰激凌？

最终发现，正在执行节食计划的受试者中，吃完三份奶昔的人，比其他只吃了一份奶昔的人吃的冰激凌数量更多。心理学家得出结论，吃多少冰激凌，跟饥饿并没有关系。

一个人如果有节食的想法在心中，当他拿起第一份奶昔时，节食计划就被破坏了，这时他就不再尝试控制自己，心理上会有一种挫败感和无力感。这种失败的感觉会让人破罐子破摔，一旦开始吃点心，就会停不下来。事实上，大家在生活中也会发现，当一个人实行节食计划时，会觉得这是在"虐待"自己，一旦放开，就会吃得更多。人的心理会把这种行为合理化——因为之前节食太过辛苦，此时应该补偿自己。而另外一组没有实行节食计划的人，因为平时并没有刻意压抑饮食的欲望，所以此时会有控制地进食。

诺贝尔经济学奖获得者哈耶克在他的《通往奴役之路》一书中说过这样一句话：使这个世界变成地狱的，恰恰是人们试图将其变成天堂的努力。

人生最大的痛苦是希望生活中不受苦；

人生最大的问题是希望生活中没有问题；

人生最大的矛盾是希望生活中没有矛盾。

肥胖之所以让你焦心、忧虑、恐惧，严防死守，并不是因为肥胖本身有多可怕，至今很多地方依然以胖为美，也有很多人渴望能长胖一点，可见问题的核心并不是肥胖，而是你对肥胖的理解，对肥胖的抗拒。

肥胖本身并不是问题，使它成为问题的恰恰是人们的不接受。肥胖只是人们加诸在你头脑里的一个观念，你对肥胖的抗拒实质上是在和一个观念做斗争，而且，这个观念在你的脑海中存在了许多年，并且还将分秒不停地与你战斗下去，你真的准备将生命中的大部分精力拿来和肥胖作斗争，二十四小时严守大门，不让肥胖进来吗？

我们经常说放下，很多人以为放下就是忘记，就是排斥，就是不再想起。其实不是，放下是忽略，是淡漠，是自己对这件事情不会再有任何情绪上的波动。而刻意的忘记却不一样，当你告诉自己"我不要再想起"时，其实你已经在想起了。如果你没有想起，又哪里需要忘记呢？

没有人能通过抗拒解决任何问题，减肥同样如此，一味地抗拒只会强化自己心目中"我很胖"的观念，而这种观念只会让自己感觉更糟糕。当你处在"我很糟糕"的情绪中时，是没有力量去做什么的。真正带来改变的是行动，但行动需要力量，只有那些让你感觉好的观念才能激发你行动的力量和勇气。想想看，你是在看到一个健美的人时更有动力去运动，还是在看到一个大腹便便的胖子时？

抗拒是一种强大的力量，就跟一团乱麻一样，越是急切地想要理顺，越是要将其拉开，找出头绪来，就越是着急，越是拉紧，反而适得其反。解决问题的方式不是继续抗拒下去，而是转换思维，没有人能通过同一条道路去往不同的目的地。与其耗费巨大的精力去对抗肥胖，何不尝试着去接受肥胖，请"肥胖"进门，跟它聊聊，它为什么如此地喜欢你，一定要跟着你，打死也不离去呢？

中国有一个成语叫"畏影恶迹"，出自《庄子·渔父》，原文是："人有畏影恶迹而去之走者，举足愈数而迹愈多，走愈疾而影不离身。自以为尚迟，疾走不休，绝力而死。不知处阴以休影，处静以息迹，愚亦甚矣！"意思是，有一个人害怕自己的影子，厌恶自己的脚印，想要摆脱它们，于是拼命奔跑。可是跑得越快，脚印越多，影子也紧随其后。于是他更加拼命地奔跑，最后筋疲力尽，气绝身亡。其实，他只要找个阴凉的地方坐下来，脚印和影子便都没有了。减肥也是如此，人们想尽办法去除肥胖，抗拒肥胖，最后却只是徒劳无功，疲于奔命。我们不如静下来，好好与肥胖相处，也许肥胖反而会消失得无影无踪。

暴食，源于情感匮乏

很多人都有暴食的经历，或者正在经历着暴食的痛苦，有些人会因为暴食而自责，其实大可不必。很多暴食症患者，往往伴随着抑郁症、完美主义、自我评价过低、自我要求过高等心理问题，所以面对暴食，人们更需要寻求的不是药物，而是心理医生。因为这是一种精神上的障碍，更简单地说，是情感上的匮乏。

马斯洛需求层次理论认为人有五种需求，从高到低依次是：自我实现需求、尊重需求、社交需求、安全需求、生理需求。最低层次的需求之一就是吃，吃是人生存下来的第一关键，一个人如果在幼年时期没有在饮食上得到满足的话，心理就会总觉得匮乏，见到食物就会想塞进嘴里，填满自己。

现在，在食物上没有得到满足的人不多，但生存的另外一层需求，安全感和爱的需求没有得到满足的人比比皆是。这一点，即便是最优秀的父母也很难做到完美无缺。很多时候，人吃东西并不是因为身体饥饿，而是情感饥饿。很多人在无所事事时，就会想找点东西来吃，这其实是用填满胃的方式来填满心里的空虚。

有暴食习惯的人，往往在情感上有创伤，这些创伤可能是幼年时期留下的，也有可能发生在成年后，比如遭遇失恋、失去父母，其他重大的挫折等，就会由正常饮食变成暴食。因为人有安全感和爱的需求，当这些缺失的时候，人就转向生理需求，选择塞满胃。西方心理学家从精神分析的角度认为，暴饮暴食隐含了一些潜台词，比如：

我什么都没有，最起码吃进去的东西是实实在在的，身上的肉也是真实存在的，最起码这些是我所拥有的。

如果你知道我怎样被亏待，你就会明白我为什么会暴饮暴食，你就会同情我，理解我。

我的人生很凄惨，我是世界上最可怜的受害者，我要让所有人都看到我的问题。

…………

如此种种，可以明显地看到，暴食症患者是何等地缺乏关注，暴食症在某种程度上跟小孩以患病的方式求得父母关注是一样的。

暴食症患者在看到食物的时候，那种抓取食物往嘴里塞的情形，若是当时有清醒认知的话，自己也会感到害怕。那种溺水者

抓住绳索得救的感觉，跟吸毒的人看到毒品时的表现是一样的。这并没什么可奇怪的，《美国国家科学院院刊》刊登过一篇文章，美国纽约布鲁克海文国家实验室的研究人员研究得出结论："大脑控制肥胖人群暴饮暴食倾向的区域和控制药物成瘾的区域是同一位置。肥胖人群贪吃是由大脑中的情感管理区域控制的。"研究人员称，暴饮暴食是肥胖者满足大脑情感需求的一种体现，这样会让他们感觉良好。

明明不饿却还是疯狂地想要吃东西时，我们不妨克制自己，让头脑静下来，安静地感受下自己的情绪。很多人做过试验，发现此时自己心里交织着各种情绪，这种情绪也许是愤怒，也许是焦虑，也许是空虚，不一而足，他们都会发现心里有着长期以来无法释怀的情绪。强烈的想吃东西的欲望，只是为了压制住这些情绪。这些情绪让你无法面对，所以你选择了逃避，通过吃东西来强行遏制，"吃"只是你逃避自己情绪的一个方法。同时，这些人也会发现，当他们大哭一场，或者转念想明白之后，暴食的症状往往就会不治而愈。

暴食会形成恶性循环，因为当一个人身体比较沉重的时候，思想也会倾向于感受"否定"的东西。暴食的人无一例外会对甜食格外感兴趣，身体吸收糖分太多，人会感觉压抑；同样，当一个人大肠和胃都被塞得满满的时候，人也会感觉负担很重……所有让你感觉有负担的事情，让你感觉压抑的事情，让你感觉不好的事情，你都要好好想一想，到底哪里出了问题。要认真地想清楚，解决问题，而不是将问题压在心里，难受的时候，就通过暴食来压制，这样只会导致问题越来越多。

古代的中国作为一个农耕社会，长期以来，民众都徘徊在吃饱饭的边缘，强调民以食为天，对吃格外注意。吃，在中国绝不仅仅是为了满足身体需求。中国人性格内敛不善于表达情感，往往也通过饮食来表达自己的感情，比如孩子回家，就会做一顿好吃的。食物成了情感的载体，开心的时候，大家聚一起吃；节日的时候，大家聚一起吃；心情不好的时候，自己一个人吃；心情好的时候，唤上三五好友吃……吃早已演化成一种习惯，一种心理需求，这在某种程度上也强化了人在情感遇到挫折时通过吃来满足需求的习惯。

节食不可能减肥成功

通过节食来减肥到底有没有可能成功？我们用数据来说话。

1959年，两位心理学家艾伯特·斯图卡特和梅维斯·麦克拉伦-休姆梳理了与减肥相关的医学文献，结果只找到8个通过节食成功减肥的案例。同时，斯图卡特也在自己的诊所对100名肥胖者进行节食减肥，他专门给减肥者提供了"减肥食谱"，这份食谱严格根据热量计算公式来提供饮食，要求减肥者每天摄入的热量不超过1500卡路里。最终的结果是，100个实验者当中只有12人减轻了9kg体重。更可怕的是，两年之后，100人中除了两人将体重保持下来，其他人的体重全部反弹。

美国塔夫茨大学在2007年发表了一份报告，这份报告分析了

1980年以来医学杂志上刊登的所有饮食试验，得出的结果是，所谓的低卡路里饮食处方，只能"短暂"减轻体重。依据这种饮食处方，在半年内体重可以减轻4~4.5kg，但是一年后，如斯图卡特的实验一样，绝大多数人都再次反弹。

哈佛大学的潘宁顿生物医学研究中心是美国最具影响力的肥胖研究机构，他们也做过类似的实验。研究人员制订了4种节食减肥食谱，这4种食谱的食物不一样，但蛋白质、碳水、脂肪的含量几乎没有差别，而且热量都低于750卡路里。他们招收了800名平均超重22kg的胖人，来执行不同的食谱，半年之后受试者平均减肥4kg。看起来效果还不错，但一年后，这些人全部反弹，无一例外。

美国是肥胖重灾国，美国国立卫生研究院在20世纪90年代曾花费将近10亿美元进行了一项"女性健康关键因素研究"，被研究者按照一定的规律减少卡路里的摄入。8年后，这些女性平均只减轻了1kg体重。这还不是最令人沮丧的，另一个更让人失望的事实是她们的平均腰围增加了。

最为大家熟悉的美国脱口秀主持人奥普拉·温弗瑞，其体重曾经重达168斤。她曾经采用节食减肥法，每天吃进去的食物热量不会超过1000卡路里，效果非常好，她的体重在短短几个月的时间里就从168斤减到108斤，电视机前的观众莫不为其欢欣鼓舞。然而，好景不长，奥普拉的体重很快就开始反弹，回到了168斤。

相信这是绝大多数节食减肥的人都有的经历，我们国内也存在并流行过不少低热量食谱减肥法，如七日瘦身汤、无糖食谱、"过午不食"等，如上述各大机构、学者所做的研究一样，许多人对各种方法都亲身实验过，最终却还是失败。这换来的不仅是情绪上的绝望，还有生理上的伤害。事实证明，不管是定制食谱，还是过午不食，这些都通通没用，因为没有人能够通过匮乏、控制来获得成功。减肥如此，成就事业也如此。

对于中国人来说，节食减肥更难成功，因为中国人经历了几千年的饥饿，在体内就存在着"饥饿基因"，它随时监控着你身体的热量平衡情况，一旦有风吹草动，就会增加热量的吸收和储备。所以西方的研究发现，在美国居住的外来人口中，非洲裔和华裔更容易肥胖，这与几千年来饥饿的烙印有关。对饥饿的记忆可以通过基因传递给后代，饥饿基因不仅表现在对热量的吸收上，而且在摄入热量不足的时候也会迅速减少能量消耗，即降低基础代谢率。因此，对于中国人来说，少吃有时反而肥胖得更快，使饮食控制更加困难。

大量的跟踪随访研究表明，对于重度肥胖的患者，无论是低热量饮食还是饮食控制加运动都会减少体重，但是5年之后几乎都会复胖，而且只要减肥，反弹就会发生。

你看到有人整日整夜地忙工作，会认为他真辛苦，就此认为他的成功是因为他努力，他在工作上辛苦付出。实际上，他是在忙工作，但他不辛苦，他乐在其中，就跟打游戏的孩子一样，那件工作对他而言是享受，不是辛苦付出。很少有人能在自己厌恶

的事情上做出成绩来,只有你享受的才会带给你正面的好处。

选择节食减肥,无疑是对身体说:你吃太多了,现在要少吃一点。每一个节食的人肯定有这样的感觉,自己会比平时更加关注吃的,也比别人更容易看到食物,一旦放弃节食,就会加倍地进食,就像一根弹簧,压得越狠,反弹得越厉害。凡有压制,必有反抗。我们在幼年时期肯定有这样的行为,父母越不让我们做的事情,我们越要去做。父母会觉得这孩子不好管教,不听话,其实这只是我们不喜欢被控制而已。没有人喜欢被控制,身体也一样。

当你为了减肥而节食时,身体以为你正值困难时期,就会调动机体,将食物转化为脂肪和能量,反而不容易瘦。

世间万事万物同理,解决之道宜疏不宜堵,不管是治水,还是减肥。选择节食，就是压制身体的本能需求，当身体营养不均衡时，必然会发出反抗，身体会出现各种问题，比如闭经、经期短、头发脱落、贫血、胃炎等，这些都是身体发出的反抗声音。所以，强行用意志力控制自己进食，是断然不可能成功的，因为只有满足才不会有抗争。当身体发出饥饿的声音时，你强行不让其进食，其他的事情也很难做下去，因为你的头脑会时不时提醒你，你不得不在进食与不进食之间进行强有力的抗争。当你的内心世界一片纷乱时，身体又怎么可能没有问题？

一个苗条的人不会时常想吃东西，而一个胖人往往经常想吃东西，不是前者更有意志力，而是当他吃东西的时候，他会好好吃，享受地吃，吃饱了，也就将吃东西这件事情放下了，在其他的时间里不会再想到吃；而一个胖人在吃东西的时候，刻意节制，所以身体还是未被满足的，吃完之后，还会继续想吃。所以，节食解决不了问题，只有享受食物让身体得到真正的满足，才是行之有效的方法。

Chapter 03
爱自己

做任何事情,如果是因为"我喜欢",那么你就很容易成功。"我喜欢"是能量很强的一句话,它能让你有热情,有毅力,有干劲。同理,对于减肥来说,也请说出"我喜欢"。

健康身材第一步：去掉瘾

我们生活的这个社会，很多人会对某些事上瘾，如烟瘾、酒瘾、毒瘾等，这些是危害较大的，因为会严重伤害到身体健康，所以比较受人关注。也有一些不那么备受关注的，比如对甜食上瘾，对工作上瘾，对学习知识上瘾等，因为危害没那么大，甚至有些看起来有好处，所以不但不会被指责，反而会被恭维。但这些瘾的实质是一样的，都是对自身某方面失去了控制，被某些事物控制了自己，导致无法从这种瘾中挣脱出来。

生活中，还有一种"瘾"最伤人，甚至会毁掉人的一生，却不为人所关注。因为这种瘾无处不在，就像空气一样渗透进人们的生活，让人完全忽略了，这就是"让别人认可"的瘾。人是群居动物，都希望自己能获得别人的认可，这是无可厚非的。但很多人将自己的情绪完全寄托在别人身上，别人赞美他，他就高兴；贬低他，他就生气。别人喜欢他，他就欢喜；不喜欢他，他就难过。

"唐宋八大家"之一的苏东坡，是北宋时期的文坛领袖，在诗、词、散文、书法、绘画等方面都有极高的成就，他出生于四川眉山，那里盛行佛教，峨眉山和乐山大佛近在咫尺，苏东坡一生受佛教影响极深。有人统计，他一生结交过的僧人有上百人。苏东坡一生仕途坎坷，屡遭贬谪，但他的诗词却毫无哀怨之气，反而处处展现出通透、豁达，读来令人神清气爽。可即使是这样一位心胸宽广之人，也留下了因为被人嘲笑而渡江找人理论的故事。

话说苏东坡在黄州时，有一天灵感迸发，创作了一首诗，"稽首天中天，毫光照大千。八风吹不动，端坐紫金莲。"这首诗是赞美佛陀的，写得非常不错，苏东坡自己也非常满意。吟诵之余他想起好朋友佛印禅师，便抄写下来让人送给住在江对面的佛印禅师欣赏。

就在苏东坡扬扬得意之时，下人手执信笺回来，苏东坡打开一看，只见自己写的那首诗下面赫然躺着两个大字"放屁"。苏东坡顿时心中生起一股无名火，立时就让人撑船过江去找佛印。结果，刚到禅室门口，见门上贴着一个纸条，上面书写着："八风吹不动，一屁过江来。"苏东坡顿时满面羞惭，知道自己的修为远远达不到"八风吹不动，端坐紫金莲"的境界。

想获得别人的认可和赞美，在这个社会已经形成了一种瘾，即使是苏东坡这样一生宦海浮沉的大学士，也难以脱俗。实际上，当一个人努力地获得别人的认可时，等于将主宰自己情绪的力量交到了别人手上。当苏东坡把写好的诗送去给佛印欣赏时，后面会收获什么，已经不由苏东坡自己控制了。

很多人不接受自己，认为自己太胖了，太丑了，不好看，认为自己不好，努力地想要获得别人的认可，试图让别人开心。然而，这是永远也不可能做到的，因为每个人都只能为自己的情绪负责。当一个人努力地想要获得别人的认可时，他的内心是冲突的，对自己的感觉是不好的，因为不管他做得多么好，也不可能获得所有人的认可。比如，有的人为了让别人认可自己，于是牺牲自己的休息时间帮别人做事，一回两回三回，都获得了别人的赞美，但当他精疲力尽或者不能再帮别人时，这些人就会反过来埋怨他，指责他，这时他会怎么样呢？显然，他会伤心，会难过，会消沉沮丧。

那些事情原本就不是他的分内之事，是别人的事情，他帮助别人只是为了获得别人的赞美，所以即使付出了很多，也很难得到别人的感激，反而让别人心生怨言。如果他一开始没有想要获得别人认可的瘾，帮或者不帮，就得看他自己的情况，选择权在他自己手上，他才能有力量去拒绝别人，与人划清界限，不至于让人侵犯自己的权利而不自知。

要想拿回自己情绪的掌控权，最关键的就是去掉"让别人认可"的瘾。当你对自己有清醒的认识的时候，别人夸赞你或者贬低你，都不会让你情绪上有什么波动。因为一个人说话是从他自己的角度出发的，甚至是从他的利益角度出发的，当你满足他的要求时，他就夸你；当你不能满足他的要求时，他就骂你。这一切，和你本身并没有关系。

这道理放在减肥中也是一样，你为什么努力地想要减肥呢，你对自己身材的不认可是来自哪里呢？是不是别人一个鄙视的眼神，就会让你自惭形秽，让你对自己的身形恨之入骨，恨不能立马减掉10斤、20斤来获得别人的另眼相看？

现实是，对你认可的人，不会因为你的身材不认可你；对你不认可的人，即使你减肥成功，他们依然会找到其他攻击点对你冷嘲热讽。只有当你对自己有着全然的自信和清醒的认识时，你才能不被别人左右。

庄子《逍遥游》中有一句话叫："举世誉之而不加劝,举世非之而不加沮,定乎内外之分,辩乎荣辱之境,斯已矣。"意思就是说,如果一个人分清了自己和外物的区别,那么,全世界的人赞美他,他也不会得意忘形;全世界的人诽谤他,他也不会因此感到沮丧。

俗话说"誉满天下,谤满天下",古往今来的圣人也不可能做到让每一个人都说他好,你又何必在意别人的说辞呢?而且,这世界上有一些人,他永远都会去评判他人,因为他的生活当中只剩下评判了。你跟他说 A 好,他说 B 好;你跟他说 B 好,他又说 A 好,像一个叛逆的小孩。这种情况下,你又如何获得他的认可呢?

一个人总想获得别人的认可,那等于在自己身上安装了无数个情绪按钮,别人随时都可以掌控他的情绪,当别人想要他开心时,就会夸赞他;当别人想要他不开心时,就会羞辱他。而他呢,就成了一个被别人控制的傀儡,情绪完全不由自主,想想,这是多么可悲的一件事情!

放下心理压力和负面评价

人一生下来,未来要走的路就似乎已经确定了,什么时候入学,学些什么,毕业之后做什么,与怎样的人结婚,什么时候要生小孩,生几个……这些好像从一开始就编排好了,一个人只需要按部就班走完就可以了。然而,当真有几个人愿意过这样的生活呢?人生的乐趣难道不正在于其绚烂多彩,每个人都有无限可能吗?太多的人被社会影响,不敢追随自己的内心,向着媒体渲染的方向去追逐,也不管那是不是自己想要的。

地球之美,恰恰美在世间万物各有其形,各有其用。《庄子·秋水》篇中讲:"梁丽可以冲城而不可以窒穴,言殊器也;骐骥骅骝一日而驰千里,捕鼠不如狸狌,言殊技也;鸱鸺夜撮蚤,察毫末,昼出瞋目而不见丘山，言殊性也。故曰：盖师是而无非，师治而无乱乎？是未明天地之理，万物之情也。"

这段意思是说：栋梁之材可以用来攻击敌城，但不能填堵洞穴，是因为用处不一样；骏马一天奔驰上千里，捕捉老鼠却不如野猫与黄鼠狼，是因为技能不一样；猫头鹰夜里都能抓住跳蚤，观察入微，可白天睁大眼睛也看不见大山，是因为禀性不一样。所以说，怎么只看重对的一面而忽略不对的一面，看重治理而忽略乱呢？这都是因为不明白自然存在的道理和万物自身的实情。

自然界生就万物，各有其用途，各有其形态，树有其高，花有其香，彼此和谐共生。而我们人呢，却总是徒劳地艳羡别人，谴责自己，希望自己变成别人的模样，这难道不是一件很奇怪的事情吗？

太多的人对自己有过多的负面评价，比如不够高、不够美、不够白、不够苗条，掌握的知识不够多，不够勤奋，等等，死命地压榨自己，想要把自己变成理想的模样。可是，你为什么认为现在的自己不够好，不够理想呢？这是谁告诉你的呢？又或者，你有没有想过，你现在的模样、现在的生活状态就是别人所殷切期盼、求之不得的呢？很多女孩子都希望拥有电影明星一样的容貌，可那些明星却并不认为自己多美丽，否则他们就不会去整容了。每个人都在艳羡别人，都认为别人更好，而事实是自己就是最好的。

我们生活的这个社会，价值取向单一，审美取向也单一，所有人都在一条独木桥上走，似乎人生的道路只有那一条。然而现实并非如此,人生的道路有很多条,审美的取向也有很多种,当你对自己进行谴责,想要变成另外一个样子时,你的心里就会产生紧张感。这种对自己的批判所形成的紧张在心里一直存在着,你就无法放松,身体就成了你的敌人。当你无意识地将身体当作敌人时,身体又怎么可能成为如你所愿的样子呢?

每个人生下来的时候对自己都是很满意的,没有哪个小孩会觉得自己不美好、不漂亮,成长的过程中因为受到太多的谴责,慢慢地,在心里也形成了对自己的批评,认为自己不够好。但那些并不是真实的,只是父母或者亲友告诉我们的,而他们对你的指责也只是因为他们对自己不满意。用心观察生活会发现,那些对自己越是不满意的人,越是喜欢批评别人,这实质上是一种投射,一个对自己不满意的人很难去欣赏别人。观念都是后天形成的,没有什么是不能改变的,不管是胖了不好看,还是认为减肥很难、自己不好,这都只是头脑里面的观念。很多年前,中国社会对女人的要求是"三从四德",那时候女性也是以这个标准来要求自己的,若是做不到,就会受到社会和自己的谴责。可如今呢?

所以,在生活中,当你批评自己,指责自己不够好,因自己太胖而羞愧的时候,要明白,这不是真实的,这只是你在过去成长的过程中形成的一种观念。观念都是虚的,是人为制造出来的,这种观念会影响身体,甚至构造着身体。

当你批评自己,负面评价自己时,身体会感受到这种不喜欢,继而收缩、沉重、僵硬,消化系统和免疫系统都会受影响。很多人心情不好时就会消化不良，中医的说法是心情不好导致肝气不舒，肝气犯胃，就会导致胃痛，影响消化。西医的说法是人在负面情绪影响下，大脑的供血量会增加，要通过其他器官调配血液来支援大脑，而肠胃因为储血量大，常常成为被"借血"的器官，所以过度用脑的人往往食欲不振；同理，贫血的人在吃饭之后会犯困，这也是血液不足以同时供应大脑和肠胃的表现。当一个人长期处于低落、愤怒等对自己不满的情绪中时，身体器官就没办法充分运转，吃进去的食物不能好好消化，自然就容易导致肥胖。

有些人怎么吃也不会胖，反而气色很好，这是因为他没有积压负面情绪，身体器官运行得很好，不管吃进去多少东西都能很好消化，身体也能吸收到足够的营养，气色自然红润饱满。而节

食减肥的人,身体因得不到足够的营养,各个器官都只能减耗运行,健康受影响不说,气色也会因为缺乏营养而发黄显得苍老。有谁能在节食的同时还保持红润的脸庞呢?

《列子·汤问》中有一个故事,说周穆王出去巡视狩猎,路上遇到一个人,自愿奉献技艺,这人叫偃师。穆王召见他,问道:"你有什么本领?"偃师说:"我制造了一样东西,请大王观看。"周穆王就让偃师第二天将其带来观赏。

第二天,偃师带了一个人一同来见周穆王。穆王就问他:"跟你同来的是什么人呀?"偃师说是他制造的歌舞艺人。穆王很惊奇,这个歌舞艺人能走会动,还会唱歌跳舞,完全像个真人。穆王见他舞姿优美,就让自己的妃嫔一起观看表演。不承想,歌舞艺人眨眼挑逗穆王的妃嫔。穆王大怒,要立刻杀死偃师。

偃师吓得当即就把歌舞艺人拆散了。穆王一看,原来这个歌舞艺人是用皮革、木头、树脂、漆等东西制作而成的,虽然是个假人,但内部的肝、胆、心、肺、脾、肾、肠、胃,外部的筋骨、肢节、皮毛、齿发,却是和真人身上的器官完全吻合。穆王很惊奇,让偃师再拼到一起,使歌舞艺人恢复了原状。穆王试着拿掉了心脏,歌舞艺人就不会说话了;拿掉肝脏,歌舞艺人的眼睛就看不见了……穆王赞叹道:"人之巧,乃可与造化者同功乎!"

人和地球上的其他生物一样,都是自然的产物,生来各有其形,每一个器官都有着特定的功能,它们组合在一起就形成了身体这一部最为精巧的"仪器",去掉任何一样身体都不能自由运转。

认识到这一点，你会为身体构造的灵巧而惊叹，对其为自己的付出感激不尽，又哪里会有这么多不满呢？当你由衷地为自己赞叹时，你的身体，你的生活，都会呈现出你想要的状态。

做任何事都请因为"我喜欢"

做任何事情,当你的出发点是"我喜欢",那么你就很容易成功。"我喜欢"是能量很强的一句话,能让你有热情,有毅力,有干劲。同理,对于减肥来说,也请说出"我喜欢"。

女人所有的忧伤都可以通过零食来解决,一包不够,就再来一包!这话虽是笑谈,却也道出一部分实情。大概每个女性,尤其是体形偏胖的女性都有这样的经历,下午四五点,肚子发出咕噜咕噜的响声,身体每一个细胞都在喊着要吃东西。但拿出抽屉里早就准备好的小饼干,拆开包装之时,一个声音跑出来:"别吃,这东西热量高,会长胖。"于是,你开始犹豫、纠结,在把饼干放回抽屉与拆开包装之间作剧烈的斗争。而大多数时候,拆开饼干包装,并且将饼干一块一块放入嘴中是最终的结果。

你一边吃着饼干,一边深深地自责、愧疚,埋怨自己为什么如此嘴馋,如此缺乏自控力,骂自己连体重都管理不好,还能做好什么。你发誓下次一定管住自己,不再吃这些东西。然而,实际上,你和其他所有人都很清楚,下次、下下次,你还是会在挣扎一番之后做出同样的选择。

然而,你转眼看到旁边座位上的姑娘,正在优雅地慢慢地吃着蛋糕,其热量可能比饼干的还高,而她是如此苗条,似乎怎么吃也不会长胖。你心里更加不平衡,同时夹杂着深深的自怜,哀叹为什么人家如此命好,而你却不是!

很多时候,我们都习惯于关注一些表面现象,比如广告说一个明星怎样吃喝运动来保持苗条的身材,自己也去效仿,结果却发现只是东施效颦,徒留笑柄。其实真正的根源,并不在于吃什么喝什么,而在于以怎样的情绪来吃喝。

减肥和其他任何事情一样,只有当你享受时,才能达到最佳效果,没有人能长期地跟自己对抗,只有当你感觉好时,你才能持续。你做着一件自己极其不开心的事情,却死活不肯放弃,这是为什么?

其实,我们可以先想想减肥背后的动因、减肥是为了什么。相信大多数人都是为了符合社会的主流审美,为了让自己更受人欢迎,为了让自己不被人排斥。

可是,为此苛刻地对待自己,值得吗?最关键的是,有效果吗?

人不是因为被人爱而可爱,而是因为可爱而被人爱。一个长期在内心进行着战争的人,怎么会有人愿意接近呢?你愿意去一个鸟语花香、风和日丽的地方,还是愿意去一个硝烟弥漫的地方?

当你一边吃东西一边羞愧自责时,你认为自己是无能为力的,可实际情况并不是这样。你有力量控制自己,你最起码可以决定自己是快乐地吃,还是痛苦地吃,虽然都是吃,但感受完全不一样。当你快乐地吃时,你是享受的,享受完了,充分体验完了,自然就不会再想念。就好像小孩想要一个玩具,如果不给他买,他会一直惦念。很多成年人还会对小时候没有得到的东西念念不忘,如果当时得到了满足,要不了多久就会抛之脑后,成年后更是想都想不起来。失恋的人如果强行不让自己哭泣，不让自己思念，阻止这份情绪的出现和表达，情绪就会滞留许久，如果允许自己狠狠地痛哭几场，痛苦的情绪会淡掉许多。

举个例子，某一家里有兄弟三人，父亲对母亲很不好，经常殴打她。大哥想，我以后一定要对老婆好，不让她有和母亲一样的遭遇；二哥想，婚姻就是战场，我一辈子都不要结婚；三弟想，原来男人是可以打女人的。同样的一件事情，每个人的感受却完全不一样，而导致你做出完全不一样选择的，也是你对事情的理解而不是事情本身。同样的食物，你可以身心合一快乐地吃，也可以纠结万分地吃。前者，你是满足的，是幸福的，吃饱了就不会再想；而后者，你是不满的，是匮乏的，永远没有饱足的时候。

你无法经由一个没有喜悦的旅程，而到达喜悦的目的地。在这样一个全民瘦身的时代，要让一个人，尤其是一个胖人心无旁骛、没有愧疚地去吃东西，要想跨过这道心里的"关隘"确实很难。但是，如果在一次又一次地尝试控制自己少吃、不吃之后，放开自己心里的束缚，全然地投入到每一次饮食、每一次运动中，享受它们，又有何不可呢？

当下拥有的，就是最好的

有一篇小说叫《三个问题》，是托尔斯泰写的短篇小说，故事是这样的：

一位皇帝想到了三个问题，他认为只要知道了三个问题的答案，就永远不会再有麻烦。皇帝问遍身边近臣，皆没有得到想要的答案，于是他在全国张贴榜文，重金悬赏答案，这三个问题是：

做每件事情的最好的时间是什么？

与你共事的最重要的人是谁？

任何时候要做的最重要的事情是什么？

无数人来了，给出了各种各样的答案，但这些答案都不能让皇帝感到满意。最后，他听说山上住着一位开悟了的隐士，决定前去请教。皇帝打扮成一位朴实的农民，到了山脚后就不再让侍从跟随，孤身一人上山寻找隐士。

皇帝遇到隐士的时候，他正在挖地。隐士是一位上了年纪的老人，不断挥动铁锹对他而言是一个吃力的活，他已经气喘吁吁了。皇帝向隐士请教自己百思不得其解的三个问题，然而，隐士听完没有吭声，就继续挖地去了。

皇帝看他辛苦的模样，心有不忍就帮助他挖地，隐士表示感谢。几个小时之后，夕阳西下，皇帝也累得不行了，隐士却依然没有告诉他问题的答案。皇帝心中有些气馁，准备回家。这时，隐士抬起头对他说："你听，有人往这边跑过来。"正说着，一个人从森林里跑了出来，手捂着胸口，鲜血淋漓。那人朝着皇帝跑过来，还没到跟前就倒下失去了知觉。皇帝和隐士忙前去查看，发现这人受了重伤，没有多想，就忙前忙后帮他清理伤口进行了包扎。

不知道过了多久，那人才醒来，对皇帝说："请原谅。"皇帝一头雾水，不明白他说什么。待那人解释完毕，皇帝方才知道，原来这个人的兄弟在一次战争中被皇帝的人杀死了，他的财富也被抢走了。他这次会出现在这里是因为听说皇帝来山上找隐士，于是前来报仇，想要伺机杀了皇帝，没想到在山下碰到侍从被砍伤了。皇帝原谅了这人，并且派侍从将他送回了家。

在回宫之前，皇帝又去找了隐士想要再请教一次，隐士告诉他："你的问题已经得到解答了。"皇帝一脸茫然，隐士说："如果你不是因为怜悯而帮我挖地，你在回家的路上会受到袭击，那时候，你会后悔没与我待在一起。因此，最重要的时间是你在苗圃里挖地的时间，最重要的人是我，最重要的事情是帮助我；当那个受伤的人跑来的时候，最重要的时间是你帮他包扎伤口的时间，他是最重要的人，最重要的事情是照料他的伤口。"

  皇帝这才明白，最重要的时间，就是现在；最重要的人，就是你眼前的这个人；最重要的事情，就是目前该做的事情。

  明代诗人钱福写过一首《明日歌》流传至今，歌云："明日复明日，明日何其多。我生待明日，万事成蹉跎。"太多的人喜欢把希望寄托于明天，把问题归结于昨天。然而，昨天已经过去，明天尚未到来，过去的我们改变不了，未来的我们掌握不了，我们真正能把握的只有此时此刻。年少的时候，我们盼望着快快长大，能够远离考试，摆脱父母的管制；待长大工作了，又怀念小时候，认为童年是最美好的，学校的生活是值得怀念的。试问有谁在学校的时候会说"此时此刻是我人生中最美好的时光"呢？

过去所经历的一切将我们送到现在的位置，现在便是我们的出发点，未来能到达哪里，也只能从此时此地起步。如果你一直想着过去，那意味着你没有活在此时此刻，自然也就无法到达你想要的未来。比如，你想要一棵结满果子的苹果树，最简单的方法当然是松土、下种、施肥，等待开花结果。如果你什么都不做，只是看着那块地，想着这里曾经是一片荒地，曾经栽种过什么别的植物，上面有一栋房子，曾经住了一些人，曾经发生了怎样的故事，那么，这块地永远也不可能长出苹果树，更不能结出苹果来。

每个人都难免对过去发生的事情有一些想法，如懊悔、痛恨、怀念等，不能接受过去的那个自己，总想要去改变什么。电影《蝴蝶效应》就讲了这个，男主角伊万因为恶作剧伤害了别人，造成了无法挽回的过失，多年来他一直活在愧疚当中，想要回到过去改变这一切。影片里，在医生的帮助下，他回到了过去，如自己所愿改变了事情发展的方向。然而，回到现在，他发现事情变得更加糟糕了。他再一次回到过去，改变事情的经过……就这样，他反复地奔波于过去和未来之间。结果发现，不管他怎样做，结局都不会比现在更好。

我们每个人可能都有这样的想法，如果当初好好学习，那么现在肯定能找到更好的工作；如果当初不找这个人结婚，那么现在肯定会很幸福；如果……世界上没有如果，即使有如果，那个"如果"所得到的"结果"也可能不会比现在更好。人生没有更好，此时、此刻、此地，就是最好。你现在处的位置，现在的状态，现在所拥有的一切，对你而言就是最好的。

任何一个生命都会本能地选择对自己最好的，你今天所有的一切就是你过去最佳的选择。如果你对现状不满意，那么你就会一直陷在对过去的抱怨当中，然而事实可能如伊万所体验的那样，不管过去怎样改变，都不会比现在更好。芥川龙之介说得好，"删除我一生中的任一瞬间，我都不能成为今天的自己。"

你所能选择的是接受现在的一切，真正地明白对你而言，现在的一切都是最好的。如果你过去吃了很多苦，那么这个"苦"便是你要体验的；如果你现在不想体验"苦"了，那么就放下这些"苦"，从现在出发，去感受"甜"。很多老人曾经吃过很多苦，受过很多磨难，体验过物资极度匮乏的生活，现在，经济条件好了，手头宽裕了，可他们却还是过着节衣缩食的生活，食物放坏了也舍不得扔。他们唯恐吃了上顿没下顿，习惯性地储存大量食物，不敢在经济上稍稍放开手脚，因为过去已经牢牢地将他们控制住了。想想看，如果你紧抓着过去不放，是不是和这些老人一样？如果你头脑中充满了"苦"，"甜"又如何进得来？

如果你现在不想胖了，就告诉自己："胖子的生活我已经体验了，现在我不想再体验了，我想体验苗条的人生。"但是，不要去痛恨过去的胖，因为正是胖将你带到现在的位置，你要感谢胖，就像感谢一位陪伴了你许久的老朋友一样。现在，你要去别的目的地了，那么就友好地与这位朋友告别，一身轻松地上路，去体验别样的人生。

爱自己，允许自己从心所愿地活着

爱自己，接受自己，对自己说"Yes"。

2018年有一部"减肥剧"很火，叫 Diet land，讲述了一个有着优秀教育背景且博学多才，但又因异常肥胖而处处受人歧视的姑娘的减肥故事。因为胖，人们叫她"plum"，意思是圆滚滚的胖李子。"胖李子"在一家时尚杂志社为主编代笔，她最大的梦想就是攒够钱去做缩胃手术，因为在她看来，那是一劳永逸的减肥办法。在这之前，她尝试过甩脂机、绿茶饮食、热瑜伽、出汗疗法、针灸、催眠，甚至冥想、向神祷告等，能找到的减肥方法她都试过了。而且她一直坚持运动，吃减肥药，坚持节食，只吃生菜沙拉，过着自律的"健康"生活。

她每周参加"腰围监督小会",那里有很多同样在减肥的人一起分享自己的减肥故事。在那里,她认识了一位本身并不胖但因为被丈夫嫌弃而要减肥的女性,也认识了一位很胖但活得阳光灿烂的姑娘,这些人的出现让她第一次对自己坚定不移的减肥信念产生了一点动摇。

胖李子认识了韦雷娜,韦雷娜的母亲是一家知名减肥会所的经营者,当年生下孩子之后迅速发胖,后来减肥成功。胖李子还了解了这家会所的减肥项目,对韦雷娜的母亲一直钦佩有加。然而,韦雷娜亲口告诉她,那些励志故事不过是虚假的谎言,所以韦雷娜将那家会所关闭了,这个现实彻底颠覆了胖李子的认知。

胖李子加入了韦雷娜的机构，这个机构致力于让女性接受自己，直面那些自己认为的缺陷。在这个过程中，胖李子认识了很多人，他们都有各种各样的缺陷，有因为毁容而遭人歧视的，有因为肤色遭人歧视的，有女儿被强奸自杀后心里充满愤恨的……

胖李子开始觉醒，思考所有的问题到底是自己的错，还是社会的错？减肥到底是出于对美的一种自然追求和自我实现，还是在社会偏见下的自我伤害？觉醒后的胖李子决定不再吃药，不再节食，对那些嘲笑她肥胖的人，她也敢于驳斥："是的，我胖，但我没有对不起任何人，我同样有选择自己所爱的权利。"

每个人的生活都会有许多问题，就美而言，社会推崇的是白富美、高富帅，但这世界上黑的、矮的、穷的，占了很大的比重，这些人真的要一辈子在前者的阴影下生活吗？胖的人真的要一辈子与胖作斗争，直到彻底打败胖后才能好好生活吗？

当然不是。每个人的当下就是最好的，不管你是胖是瘦，是高是矮，是黑是白，你不能因为他人对你的恶意，也对自己充满恶意。当你出生的时候，你对自己是没有恶意的，可为什么后来，便对自己有这么多憎恶呢？因为整个社会都在告诉你，你不好。如胖李子就职的那家时尚杂志社，它会不断地提供新产品，不断地提供新标准，告诉女人，你要怎么做才完美，怎么做才能让别人更爱你。无数女性为了达到这些标准前赴后继，辛苦挣钱，然后花钱买杂志推荐的产品，从头到脚包装自己，将自己完完全全变成了另外一个人。可这一切的付出不过成就了一家杂志社，杂志今年说红色好看,明年会说黑色好看;今年推崇白色皮肤,明年崇尚小麦色皮肤。请问,谁能年年换肤呢?

每个人都不可能达到别人要求的完美,但实际上每个人都是完美的。当你接受自己的缺陷,当你爱自己,允许自己做想做的事情时,你会发现一切都很美好,你并没有什么要去改变的,你也永远不可能变成别人想要的模样。实际上,那个告诉你怎样才是完美的人,他自身也不是完美的。俗语说"仆人眼里无英雄",不管外表多么光鲜、事业多么成功的人,也一定有无数外人看不到的问题存在,只是那些问题被他们的成功掩饰了。

深入内心去看,每个人对自己都是满意的,只是在成长过程中被社会的声音掩盖了,我们需要做的就是抛开这社会的噪声,真正地倾听自己内心的声音,允许自己做自己喜欢的事情,穿自己喜欢的衣服,接受自己,爱自己,允许自己从心所愿地活着。

不管你多么优秀,一定有人不喜欢你;不管多么不优秀,也一定有人喜欢你。父母希望你乖巧听话,老师希望你聪明好学,老板希望你只干活不拿工资,老公希望你上得厅堂下得厨房,家里家外一把抓……所有环绕在你身边的人都希望你能成为如他们所愿的样子,然而,你只能成为你自己想要的样子。

我们看小溪里自然流淌着的水,如果有所阻挡,一旦将其放开,水势就会格外迅猛。节食之后人会忍不住暴食也是这样的道理,因为压抑、控制太过,不符合自然规律。

任何人都不可能通过控制、压迫达到自己想要的结果,就好像一个想要玩水的孩子，你阻止他不让他玩，他一定会想尽一切办法去玩水；如果你一开始便让他尽情玩水，要不了几次，他就不会再玩了。只有充分地体验过，才能充分地放下。

试着感受以下两句话给自己内心带来的感觉：

今天又吃多了，你看你，如此无可救药，还想减肥呢，你就胖一辈子吧！

今天我真是吃了不少，不过这些食物是真好吃呀！能够享受如此美味，人生真美好！

同样是吃了很多东西，给予自己不同的语言，感觉会是一样的吗？

指责、辱骂，这些都是别人强加在我们头上的。当你不能满足别人的要求时，大多数人都会挑剔你，指责你不够好，然而那些不是事实。事实是你很好，按照你想要的模样去生活的样子是最美的。控制、指责带来的是阻力，是压抑，只有允许才是敞开的，你必须允许、接受，才能让事情过去，才能没有任何包袱地轻松上阵，过上自己想要的生活。

深层心理结构改变了，怎么吃也不会胖

在讲这个话题之前，先来看一个笑话，它表现了女生和男生思维的区别。

女生的日记：

昨天晚上他真的非常古怪。本来约好了一起吃晚饭，但我和朋友逛街，迟到了一小会儿，可能因此他有点不高兴。他一直低着头，只顾吃自己的，不理睬我，气氛僵极了。我绞尽脑汁想话题，试图转移他的注意力，他也只是"嗯！""哦！""啊？"地随意敷衍。后来我主动投降，说我怕了你了，有什么牢骚直接发吧。

他虽然同意了，但还是继续沉默，一副无精打采、心不在

焉的样子。我问他到底怎么了，他仍说"没事"。后来我直接问他，是不是我惹他生气了，是不是我不该花钱买那么多东西……他说，这不关我的事，让我不要管。回家的路上，我照例挽着他的手对他说，我爱他。但他只顾走路，一点反应也没有。我真不明白，他什么时候竟然对"我爱你"这句话也表现得无动于衷了。

到家的时候，我觉得问题或许很严重，可能要失去他了，因为从他的表情来看，他似乎一点不在乎我的感受，也不想搭理我。从进门的那刻起，他就坐在沙发上什么也不说，半边头埋进抱枕，一个人闷闷地看电视。我在房间胡思乱想了好一阵，熬不过睡意只好上床睡了。不知过了多久，我突然从梦中惊醒，隐约看见微弱的灯光从客厅传来——他还没睡？

我下决心好好地跟他谈一谈，走近才发现，他居然躺在沙发上睡着了！可恨的是，他的嘴角竟然还挂着一丝神秘的笑！他竟然对我厌恶到这种地步，宁肯选择在沙发上睡。我现在非常确定，他肯定是有别的女人了。我感觉天好像突然塌下来了一样，天哪，我真不知道活着还有什么意义！

男生的日记：
今天意大利队居然输了。

有一本书叫《男人来自火星，女人来自金星》，书名的意思是男人和女人之间很难沟通,因为他们来自不同的星球。其实何止男人和女人,不同环境中长大的人,或者说拥有不同思维模式的人,彼此之间的沟通也是难如登天。因为我们每个人都习惯从自己的角度出发去理解一些事情,思维模式一旦固定,就很难改变。这是由大脑的神经网络决定的。

科学研究发现,人在出生60天后,大脑就会发育出神经轴突,连接周围相关的神经细胞,形成回路。当有刺激出现的时候,神经回路就进一步增强。大家都知道,婴儿学习一样事物需要经过反复的练习,不管是叫妈妈,还是走路。两三岁的孩子也喜欢重复看同一部动画片,这都是大脑不断地在增强神经回路,储存记忆。

随着年龄的增长,大脑神经网络在某一方面会变得特别强,因为这些细胞中的神经连接越来越强,就好像一条路越走越熟练。人通过学习所形成的专业技能便是如此,所谓熟能生巧,就是因为这一神经连接不断被强化,使用得多,路径也就越清晰,反应最直接。而其他的连接因为没有用过,就逐渐枯萎、封闭了。

这些不断使用的神经回路决定着每个人不同的思维模式,当面对同样的外界信息时,有着不同神经回路的人,其理解和应对方式肯定是不一样的。比如,同样面对疾病,有的人泰然处之,有的人惶惶不可终日;同样面对领导的批评,有的人一笑了之,有的人会沮丧好几天。正如哲学家埃皮克特图斯所说:人们不是被事物干扰,而是被他们对事物的看法所干扰。

我们日常所采取的减肥方式之所以没取得什么效果,主要就

是因为深层的心理结构没有改变,对事情的看法没有改变。

导致人肥胖的原因前文说过,深层的心理原因是其重要因素。有一个最常见的现象,我们很多人在小时候,食物被父母当成了一种奖励手段,比如:

"宝宝不哭,给你一块糖。"

"你在家乖乖的,妈妈给你带好吃的回来。"

"你考试考好了,妈妈就给你买蛋糕。"

……

当我们成年后,也会习惯性地用食物来奖励自己,或者作为情绪抚慰剂。因为童年时期父母经常这样做,在我们的大脑当中,形成了这样的惯性思维,当遇到类似的事情时,我们就会本能地选择这样一种操作模式。相关研究也表明，幼年时期经常被父母拿食物当作奖励或者惩罚手段的人，成年后情绪化饮食会格外严重一些，自然也更容易胖一些。

大多数人都是如此这般机械地处理问题的，遇到一件事情时，不加思考，本能地按照幼年时期形成的模式去处理，并没有想过这种处理方法是不是合适。社会发展日新月异，幼年时期形成的观念来自父母师长，是属于过去的，未必适应今天的社会状况，所以我们处理事情不能墨守成规。

减肥同样如此，在很多人的观念里，减肥就是节食、运动，但实际上是不是真的如此呢？是不是真的就没有其他方法了呢？就好像肥胖，到底是肥胖不好，还是你认为肥胖不好呢？到底是减肥的方法真的只有节食和运动，还是你只知道节食和运动呢？这些都是有待商榷的，不能一开始就笃定地认为自己知道的就是对的，对其他的信息和可能性不加分辨地本能地排斥。

古人说："纸上得来终觉浅，绝知此事要躬行。"人生的道理谁都知道，可能够把人生过得幸福的人却不多，就是因为这些知识只停留在表面，并没有深入拓展我们的实践活动。真正改变人生的并不是你知道多少，而是做到多少，只有当你运用学到的知识不断去实践，才能看到不一样的人生。

其实不管是学习知识，还是改变一种思维模式，都需要不断地有意识地强化，这个不断强化的过程就是在开辟、重建大脑神经回路。一个人大脑神经网络越发达，解决问题的方法就越多，就跟城市中道路越多一样，到达目的地的路径也越多。反之，一个人认死理，一条道走到黑，不撞南墙不回头，又怎么可能得到自己想要的结果呢？人不可能经由同一条道路到达不同的目的地。

所以，要想减肥成功，关键并不在于现在有多胖，吃了有多少，运动有多艰难，而在于要去看看自己内心深层有怎样的认知回路，胖满足了你怎样的心理需求。只有找到这些并切断其联系，建立新的认知路径并不断强化，才能从根源上杜绝肥胖的问题。

对自己信守承诺，说到做到

有一个故事，说索尼准备推出一款新的音箱，他们做了一项问卷调查，参与调查的都是索尼潜在的消费者，调查讨论新的音箱以什么颜色作为主打。索尼给出了两个颜色作为备选方案：黑色和黄色。

调查结果显示，更多的消费者倾向于黄色。这里面并没有什么弄虚作假的成分，因为没有任何利益或者诱惑，两种颜色也并无好坏之分。调查结束之后，主办方为了表达对参与者的感谢，免费送他们每人一个小音箱，参与者可以在黄色和黑色之间任意挑选，结果出人意料的是，每个人都拿走了黑色音箱。

事实表明，他们最真实的选择和之前的想法完全不同，这并不代表他们之前是在说谎。可能很多人都意识不到，每个人的想法和行动都是有区别的，所谓"嘴里说不要，身体很诚实"就是这个意思。

"我知道很多道理，却依然过不好这一生"，这不是某个个体的特殊情况，生活中类似的现象比比皆是：早起早睡好，可熬夜的人却与日俱增；少食多餐好，可忙起来，谁还会在意这些；减肥就是要少吃多动，可有几个人做到了；"抽烟有害健康"的标语印在烟盒上，香烟的销量也不见少……

很多人会说，道理我都知道，可我就是没有行动力，就是管不住自己，就是坚持不了，这能怎么办呢？然后便陷入无边的自责当中，听的人也会心有戚戚，感同身受。往深里思考就会发现，这话是有问题的。如果一个人真的彻底明白了道理，看清了结果，怎么能够不去实行，不去改变呢？知道做不到，说到底，还是不知道。心里有彷徨有疑惑有不明白，没真正清楚自己要的是什么，所以行动上才会有拖延，落不到实处。

如果一个人真的发自内心想要减肥，他会排除万难，无论如何也不会缺乏行动力。《西游记》里面，唐僧之所以能够到达西天取得真经，就是因为他心里真真切切地明白，他就是要取经。除此之外，不做他想，一路上不管遇到怎样的妖魔鬼怪，他都矢志不渝、心无旁骛，这便是心里明白的代表。大多数人之所以嘴上说明白却做不到，其实如前面讲的黑、黄两色音箱的案例一样，人们并不是真的知道自己要什么。很多人减肥，并不是真的发自内心想要减肥，只是为了迎合大众的审美需求，获得别人的认可，才会往减肥的独木桥上挤。而潜意识并没认可这种想法，所以行动便跟不上。

要想真正地落实行动，让这份行动产生结果，关键并不在于急急忙忙去行动，而是要真正想明白，从根本上去用功，改变自己的思想。减肥是为了什么？减肥是想得到什么？减肥的想法源自哪里？是不是真真正正想要减肥？只有当你将问题真正想明白，内心坚定了这个信念，后续行动才能跟上，才不会半途而废，不会因为一点点诱惑而放弃，这也是明代心学大师王阳明所讲的"知行合一"。在你告诉自己要减肥的时候，你的内心已经看到了减

肥的结果，之后的行动只是将这个结果呈现出来。

真正地想要减肥成功，就要在内心坚定信念，对自己信守承诺。如果你屡次说要减肥，却又不行动，或者行动了一两天就放弃，那说明你内心是模糊的。是不是真的要减肥，要苗条的身材，你还没想好，你只是在跟随别人，只是随口说说，这时候，自然无法坚持。所以，当你说你要苗条的身材时，一定要在内心里确认，对自己信守承诺，唯有如此，才能真正地达到目标。

《左传·哀公二十五年》里面记载了一个故事，说鲁哀公设宴招待群臣，孟武伯参加了。孟武伯不喜欢哀公的宠臣郭重，故意问他："先生怎么越来越胖了？"孟武伯向来说话不算数，屡次不履行诺言，哀公便借机讽刺道："是食言多矣，能无肥乎？"意思是说，经常吃下自己的谎言，怎么能不胖呢？这便是"食言而肥"这个成语的由来。

这虽然是个笑话，但并非没有道理。一个人如果经常失信于人，别人肯定不会再相信他。同样，一个人如果经常失信于自己，说到做不到，内心也会不相信自己。长此以往，内心必然混乱，没法专注地做任何事情，没有自信，这样子自然也很难成就什么事情。

减肥也是一样的道理，如果你屡次说要减肥，却屡次不执行，内心就会更加糊涂，执行力会加倍打折扣。所以，要么别轻易许诺，不管是对自己还是对别人，而一旦承诺了，就一定要去执行。言必信，行必果，如此方能建立起良性的循环反馈机制。如果你在一次次的执行中建立了自信，达成目标的可能性就自然会大大提高。

Chapter 04
心"享"事成

一个人不可能经由一个痛苦的旅程而到达一个快乐的目的地。任何事情要想获得成功，必须得享受做这件事的过程，只有这样才能畅快地达到目标。心想不一定事成，但心"享"一定事成。

尊重你身体的灵性

在很多人眼里,身体只是一个拿来展示的工具,面对日益长胖的身体,不会从自己的头脑思想里寻找原因,只会跟身体过不去。节食,增强运动,跟身体对抗,试图让身体符合自己心中所想的样子。

然而,身体并不是机械的、僵化的,它是有灵性的,会成长的。它所呈现出来的样子恰恰是我们头脑中对自己的感观,身体跟着心在变化与流转。当我们的头脑打破自己内在的和谐时,身体就会呈现出各种问题来让我们调整。

举一个最简单的例子,几乎所有人都认为,人老了之后会有各种慢性病缠身、腿脚不便等是自然现象。可实际上,有很多老人即使活到100岁，依然身体健康，耳聪目明，腿脚灵便，自己能照顾自己。

同样一种疾病，同样的症状，有的人痛苦不堪，如同活在地狱里；而有的人，却能够乐观面对。根源就在于他们对健康状况所持有的看法不一样，后者生命的体验也比前者好，他自己的感受和带给别人的感受都会比前者好很多。显而易见，后者康复的可能性也远远大于前者。也有无数这样的临床案例，一个被判定存活期有限的癌症患者，却健康地活了好几十年，这些都源于患者对自己身体健康状况的乐观和积极。

身体是有灵性的，当一个人对身体有信心，喜欢自己身体的时候，身体也会跟随着这份信心而变得活跃起来。这并不是什么天方夜谭，很多人都知道一句俗语"人逢喜事精神爽"，其实还这句俗语还有后一句，"闷上心来瞌睡多"。

人心情好的时候，身体也会变得轻盈，爱活动；反之，心情郁闷的时候，身体就会变得怠惰。胖人大多不爱活动，就是因为体内堆积了太多自我感觉不好的东西没有释放，心里闷闷不乐，自然没有力气去活动。

中国人很久以前就认识到了身体是有灵性的，《黄帝内经》讲心藏神、肺藏魄、肝藏魂、脾藏意、肾藏志，认为"心为五脏六腑之大主，而总统魂魄，兼赅意志""悲哀忧愁则心动，心动则五脏六腑皆摇"。加拿大医学巨人威廉·奥斯勒爵士，就对以心理学方法治疗生理疾病的"身心医学"开宗明义地讲过："靠病人脑袋里的那些东西来治疗肺病，其实远比吃药打针还有效。"

安徒生童话里面有一个《豌豆公主》的故事，为了验证在雨夜到来的姑娘是不是真正的公主，皇后放了一颗豌豆在床上，又在上面放了二十床垫子和二十床鸭绒被。公主在上面睡了一宿之后，说床上有个很硬的东西硌着自己，害得自己一宿没睡好，这才让

皇后和王子相信她是真正的公主。

王子为什么一定要找一位真正的公主呢？因为真正的公主代表着善良、纯洁，没有遭受任何污染，也只有这样纯净如婴儿的人才能感受到二十床垫子和二十床鸭绒被下面压着的一颗豌豆。

当一个人内心世界受到严重污染时，身体也会变得沉重不堪，甚至体会不到食物对身体的伤害。吃惯了母乳的小婴儿吃奶粉会立马吐出来，更不要说不洁的食物了。成人却没有这份敏感，吃辣的人会越来越嗜辣，就是因为身体的敏感在消失，需要更大的刺激才能调动身体的感知力。

身体并不是一个一无所知的工具，它是我们思想的外在呈现。看一个人爱不爱自己，最简单的工具就是镜子，镜子不仅可以正衣冠，还可以照见自我。通过镜子，可以看到一个人对他自己的看法，喜欢自己的人，镜子里面呈现的会是一个活泼、明朗、舒展的形象；而不喜欢自己的人，镜子里展现的定然是一张忧郁的脸，身体状态也会是萎靡不振的。

如果说身体是园地，那心灵就是种子，这块园地是成为一座花园还是成为杂草丛生的荒野，就看每个人是如何对待自己心灵的。人生只是思想的外在呈现，有怎样的思想，就会有怎样的人生。身体也是，思想匮乏，不爱自己，习惯于否定自己的人，身体呈现出来的自然是肥胖以及病态。

单纯从身体的角度来看，通过节食、运动来减肥就跟"头痛医头""脚痛医脚"是一样的道理，将身体等同于一个没有意识没有思维的机体。然而，这不是事实，想要解决肥胖的问题，必须先从心理和精神上来着手，将心理和精神上的问题解决了，头脑之中没有纠结，没有闭塞，呈现出开放的状态，身体的能量才会流通。唯有如此，减肥才有可能不再反弹。

俗话说"情人眼里出西施",任何一个人,如果喜欢一样东西,就会对其格外关注。比如你买回一件精美的瓷器,肯定会经常把玩,时时观赏,不会让其沾满灰尘。瓷器上有什么瑕疵,别人看不到的,你也能一眼看出,这并不是你生有火眼金睛,而是因为你对这个瓷器的关注度格外高。

如果你希望身体呈现你想要的样子,最好的办法是接受它现在的样子,因为这原本也是你创造出来的,只有接受才有可能改变,抗拒是不可能改变的。与身体建立联系,经常触摸身体的每一个部位,用心刷牙、洗脸,用心涂抹面霜,用心穿每一件衣服,用心梳理你的头发……举手投足之间,我们都能清楚地意识到,身体的每一个器官都在尽全力为你想要的目标服务。如果你足够关注你的身体,你的身体哪里有不舒服,你都能知道。身体感到寒冷,及时加衣服,就不会通过吃东西来增加热量;吃的东西是否让身体舒服,你也会第一时间感知到,不会让自己吃撑,吃了难受,更不可能暴食;当身体有排泄需要时,不会由于工作或者其他原因强行压抑身体的需求;当身体感到困倦时,不强行通过香烟、咖啡或者茶水来提神醒脑,不去睡觉……

如果你足够爱自己的身体,你会给予它足够的照顾,身体的一点点问题都不会被忽视,如此,身体又怎么会沉重不堪呢?身体是有灵性的,你给予身体的每一次关注、每一次照顾,身体都会以美丽和健康来回报你。

确保减肥一定成功的秘诀：
心"享"事成

很多人一听减肥，头脑里就本能地涌现一些想法：好难啊，好痛苦，难以坚持，运动太辛苦。又或者是想起一些众所周知的减肥方法：过午不食，少吃多动，等等。这些几乎已经深入我们的头脑，形成了一种固化思维。然而，所谓的常识不过是公众共同的谬误。

正所谓难者不易，易者不难。真正难的不是减肥，而是我们对减肥形成的刻板印象。一开始就认为减肥很艰难，认为不经过艰难的节食、辛苦的运动就不可能减肥成功。但事实上，并没有多少人是经过艰难的节食、辛苦的运动减肥成功而不反弹且能长期保持的。

一个人不可能经由一个痛苦的旅程而到达一个快乐的目的地。

任何事情要想获得成功，就必须享受做这件事的过程，只有这样才能畅快地达到目标。

我们在成长的路上被灌输，一定要努力，一定要拼搏，一定要成功，一定要坚持，所谓"吃得苦中苦，方为人上人"。多少年来，这些都被当成了至理名言，可事实真的是这样吗？很多人看到成功的企业家不分日夜地在工作，就会想当然地认为：他的成功是因为他很努力，能吃苦，能坚持，这么晚了他还在办公室里工作……

然而，这些人不知道，他之所以这样做，并不是因为他能吃苦，能坚持，而是他喜欢，他在做这件事的时候乐在其中。就跟一个沉迷于游戏中的孩子一样，他会觉得在电脑前玩上三天三夜的游戏是一件很辛苦的事情吗？

同样，在你决定减肥时，首先要去掉脑中那些已经定型的观念：要坚持，减肥很痛苦，要少吃，等等。如果这些观念已经深植于脑海当中，那后面所做的一切都会让你相信：这真的很难啊，很痛苦啊……潜意识就会形成条件反射，进而对你所做的和减肥相关的事情都进行排斥。当你想要减肥，而你的潜意识又格外排斥的时候，就会形成分裂。如果你的内在是混乱的，内心深处并不知道想要做什么，这时你是很难成功的。

所以，首先要在脑海里改变那些固化的思维，比如将"减肥"这样看起来不太舒服的词汇换成"瘦身""塑形"等偏中性的词汇，你现在要做的不是改掉不好的自己，而是寻求更好的自己。当你想象着更好的自己，穿更小码的衣服，身材更凹凸有致，身体更有活力，皮肤更细腻紧致时，感觉是不是比较好？

然后说到坚持，很多人一听减肥，就是要坚持，要坚持少吃、坚持运动，就会本能地排斥。之所以会出现"坚持"这个词，是因为那些人都在做自己不爱做的事情，因为不喜欢所以才需要"坚持"。一对恋人去逛街，逛了三四个小时，男孩子受不了，但因为女朋友的缘故还在坚持，可女孩子脑子里面会有"坚持"这个词吗？当你想要运动，想做某件事情时，你要想的是怎样从这件事情中寻找到乐趣，而不是苦兮兮地坚持。只要你潜意识还想着坚持，那基本就很难成功，因为你在强迫自己。

对于一个爱吃甜食、油腻食品且不爱运动的胖人来说，他很难想象到有人喜欢吃淡而无味的原味食品，更难体会到运动的快乐。因为自己不曾体验过，所以不相信运动可以很快乐，清淡饮食可以很满足，他认为对方是在"坚持"运动，是在"克制"自己的食欲，并不知道对方确实乐在其中，极其享受那样的生活方式。

《庄子·秋水》中有一篇文章，说庄子在濮水钓鱼，楚国国君知道庄子的才干，派了两位大夫前去请他来楚国做官，两位大夫非常客气地说："想将国内的事务托付于你。"

对于很多人来说，这是难得的可以做大官的机会，然而庄子手持钓竿头也不回地说："我听说楚国有一只神龟，死了已经有三千年了，国王用锦缎包好珍藏在宗庙的堂上。请问，这只龟，它是愿意死去让人们珍藏呢，还是情愿活在烂泥里摇尾巴呢？"

两位大夫被庄子问得哑口无言，只好说："那肯定是愿意在烂泥里摇尾巴。"

庄子说:"这就是了,你们回去吧,我要在烂泥里摇尾巴。"

对于一个一心追求功名利禄的人来说,庄子这样不思进取肯定是可鄙可叹的。但在庄子看来,那些追求功名利禄的人才是粗俗鄙陋的。

我们绝大部分人在成长过程中,都接受了大量错误的观念,养成了许多错误的习惯,活在矛盾当中,不知道自己要什么,所以才会出现这么多让人心里产生紧张的事情,如坚持、努力、拼搏等,但实际上,顺其自然,做自己喜欢的事情才是大智慧。那些在某个领域取得大成就的人做事情从来都是乐在其中,因为喜欢、

享受而去做的，并不是靠坚持、毅力等。

对于一个想要减肥的人来说，与其在心里想着"减肥"，不如想着"享瘦"，看到吃的心生欣喜，认真品尝，一口一口享受食物的美好滋味，想象着食物正在滋养自己的身体，就好像给花儿浇水一样；运动时，不要想着我要坚持，我要努力，拧着一股劲儿咬牙拼搏，而要想着，我是在用身体玩游戏，在给身体注入能量。一点一点地纠正头脑中已经形成的关于运动的负面思维，循序渐进，自然会真正爱上运动。永远记着第一次运动，出一身大汗之后的畅快感，这种快乐的感觉才是成功的基础。

减肥可以很简单、很开心，关键在于你要真的从内心深处相信这一点，而不是被大量的外在信息给吞没，认为减肥就是很难成功。很多人减肥不成功，是因为他们走在错误的道路上，却误以为那是正途。你要做的，不是跟随别人，而是回到内心，找到适合自己的方法。如此，你就能进入正向循环，过自己快乐的"享瘦"生活，心"享"事成。

普通人也有改变自己的力量，一切都来得及

我们这个社会最不缺的大概就是抱怨，学习不好抱怨老师，工作不好抱怨领导，现在"原生家庭"的说法更是在心理医生的推广之下让无数人有了一个得到了证实的抱怨的借口。

我不是说这些有错。诚然，这世界上没有完美的人，那些在我们成长过程中给予我们指导的人，也会有各种各样的问题，比如父母。天下没有完美的父母，他们不可能时刻满足孩子方方面面的需求，在照顾孩子的过程中难免有所疏漏。孩子长大了，面对生活中各种问题，寻根探源，发现有一些可能因为是父母的照顾出了问题。可是，那又怎样呢？难道将其归结于父母，问题便解决了吗？

抱怨的潜台词是:"这件事情都是你造成的,现在你得负责任。"其本质就是当事人不想为人生负责,希望别人改变来适应自己的需求。有这种思维说明自身还处于婴儿状态。成人世界里,没有任何一个人可能改变自己来适应你的需求,你的一切都得由你自己负责。

之所以会长胖,或许是因为幼时父母的喂养不当,也可能是因为积压了一些没有释怀的情绪,造成问题的根源可能真的不在自己。但寻找问题的根源不是为了推卸责任,而是为了对症下药。没有人的成长环境是完美的,每个人在成长过程中都会遇到各种各样让自己感觉不好的事情,形成一些不太适合现下情况的观念,但这些并不是不可改变的。比如,过去的经历让我们形成了"喝水都会胖""我就是没人爱""不会有人爱我""我永远不会苗条""我就是瘦不下来"等观念，不管曾经你多么坚信这些观念是真理，从现在开始，你需要清醒地认识到，那些只是你"认为"的真理而已，都是些需要抛弃的陈旧观念。

我们在社会生活中习得了很多不好的思维模式，比如，很多人希望得到别人的认可，用一个文明、礼貌、斯文、客气的形象将自己包装起来，不管事情让自己多么不舒服，也强撑出一副笑脸，强笑着说"我没事"，不仅要说服别人，还要说服自己。如果说幼年时期为了迎合旁人的期待是生存无奈之举，那现在呢，你可有勇气一点一点地拿回自己的主动权，做真正的自己？

心理学界有"内在小孩"的说法，它是我们幼年时受伤的部分，是真实的感受，因为不允许被表达，只能深深地藏在心中，时间久了，可能连自己都忘了，但其实不好的感受一直被压抑在心中，没有被接纳、释放，随时可能出现，阻挡我们向自己想要的方向前进。

有一个经典的减肥案例，一位女士向一位催眠大师求助，说自己体重是150斤，她的目标是110斤，她尝试过无数减肥方法，但每次达到110斤时，都会忍不住大吃大喝一顿以庆祝减肥成功。

要不了多久，她的体重就会回升到150斤，所以，在很多年的时间里，她的体重就在150斤和110斤之间徘徊，反反复复。催眠大师听完她的话之后，告诉她："方法很简单，我要你将体重增加到170斤，当你的体重达到这个标准时，就可以开始减肥了。"

女士听闻大惊失色,不敢置信,待确认催眠大师不是开玩笑之后,沉思良久,决定听从大师的建议。体重秤上每增加1斤,这位女士都痛苦不堪;每增加5斤,她都会去请求大师允许她开始减肥。然而,大师一直坚持等到她的体重达到170斤时才同意她的要求。这不是一件轻松的工作,但终究她还是做到了。当她的体重从170斤减到110斤时,她心里的声音说:"我再也不要增加体重了。"

"内在小孩"有自我圆满的需求,当一个人在心里说"我要减肥"时,"内在小孩"会有一种被打压被剥夺的感觉,它会强烈反扑,潜意识会因为恐惧脱离常规的生活习惯而要把失去的肥肉找回来。如果这种恐惧在心里不去除,减肥就很难不反弹。如果先增加体重,"内在小孩"的需求得到了满足,反抗的能量得到了释放,自然不会再捣乱。

我们只能经由允许而与"叛逆"的"内在小孩"和解,将它从悲伤、愤怒、恐惧等情绪中解脱出来,这一切只能从现在开始,也只能经由自己开始。当我们切实地负起照顾自己的责任,回归内心,不再将目光投注于外部世界,内心才能和谐,达到身心合一。

想要减肥,本身就是对自己的不接受。当你头脑中发出"我应该减肥,我要减肥"的声音时,我们要温柔地告诉它:"谢谢你,我知道你是为了我好。我可以减肥,也可以不减,这都很好。"

当你全然地接纳自己时,反抗的声音就没有了,你便可以心无旁骛地做自己真正想做的事情,这样自然会事半功倍。工作如此,减肥亦如此。只要你还有抗争的思想存在，内在就是战场，你必须摒弃外在的声音，全然地听从内在的声音，释放那些被压抑的情绪，为自己负起责任，相信自己，你可以改变自己的人生和身材。唯有如此，你才能真正地实现自己想要的人生和身材。

提升思想维度，困扰你的所有问题都将迎刃而解

先来讲一个故事：

孔子的学生子贡在学院门前扫地，远处走来一个绿衣人，向他问道："你是哪位？"

子贡说："我是孔夫子的学生子贡。"

"那你一定懂很多东西吧？我想请教你一个问题，你知道一年中有几季吗？"绿衣人问。

"一年四季，这是常识。"

"不对，是三个季节。"绿衣人坚定地说。

两个人争执不下，只好来找孔子做裁判。孔子听完了事情的经过之后，从头到脚打量了一番绿衣人，然后对子贡说道："你

错了，一年确实只有三个季节。"

子贡对老师的回答茫然不解，可又不敢违抗老师，只好向绿衣人认错，绿衣人自豪地走了。子贡思前想后不得其解，不甘心地问孔子："老师，一年明明有四季，你怎么说是三个季节呢？"

孔子笑道："你没看那人通体绿衣吗？他是蚱蜢变的。蚱蜢春生秋死，一生只经历三季，没有见过冬天，在他的认知系统里，一年就是三季，你跟他讲四季，怎么可能说得通呢？"

这便是中国人都知道的"三季人"的故事。无独有偶，《庄子·秋水》中也表达过同样的意思：井蛙不可以语海，夏虫不可以语冰，曲士不可以语道。

这些说的都是人的认知盲区。人的认知囿于自己的成长环境，有着极大的局限性，自己头脑中认为对的东西不一定就对。大人带小孩去逛街，回来后小孩画的图里面却全是腿，大人大吃一惊，再一想，却也能明白，因为站的高度不一样，看到的事物也不一样。鲁迅说："一部《红楼梦》，经学家看见《易》，道学家看见淫，才子看见缠绵，革命家看见排满，流言家看见宫闱秘事。"

所谓一千个人眼里有一千个哈姆雷特，同样的东西，在有着不同认知的人那里有着完全不同的解读。我们这个社会过多地强调"努力"，却没强调该怎样努力。那些砌墙的泥瓦工，能说不努力吗？农民日出而作日落而息，能说不努力吗？无数减肥人士为了减肥可以说是呕心沥血，方法试遍，能说不努力吗？当我们在一个圆圈里打转却得不到预期效果的时候，我们应该想的不是努力，而是解决问题的方式，比起努力，更重要的是提升思维的层次。

一个简单的实验，当你把一束光投射到墙上的时候，墙上会有一片光亮。你把手伸到光源前，墙上会出现你手掌的影子。这时候，如果你想要改变墙上影子的模样，你直接对墙上的影子做任何修改有用吗？

我们减肥，通过节食、运动、针灸、药浴等方法起的作用很有限，即使减下去了也会很快反弹。原因就在于我们一直作用于墙上的影子，就好像用块幕布把影子盖住，影子就看不见了，但只要一去掉幕布，就会恢复原状。谁都知道，这时候要想改变影子的形状，只要改变手掌的姿势就可以。如果说墙上的影子处于二维平面，我们的手掌就处于三维空间。要想改变二维平面的影子，在二维平面上下功夫只是徒劳，但上升一个层次到三维空间就很容易了，这就是现在很流行的"升维思考"。就好像我们小时候搬不动的东西，长大了就可以轻而易举地搬动，是因为我们的力量不一样了。不仅仅是身高、力气会增长，人的认知也是可以增长的，只不过很多人认识不到这一点，大脑的惰性使得它不喜欢改变。

从减肥的角度来说，有些人认为肥胖是自己寻找幸福路上的绊脚石，将人际关系的问题、事业的问题、婚恋的不顺等都归咎于肥胖，一定要将这块绊脚石踢开，之后才能去寻找自己想要的人生。于是每日专注于节食、运动，拼尽全力与本能的食欲作斗争，将时光都消耗在这种抗争当中。这是一种很低层次的思维，人完全被困于减肥的牢笼之中。

　　我们不能再作茧自缚,要从肥胖的束缚里跳出来,知道肥胖只是多种身材中的一种,它并不会成为人生幸福的阻力。人生有多种可能,我们应该专注于自己真正喜爱的事情,努力扩展自己的特长,不再为肥胖所困扰。虽然我们也想要更好的身材,但能安心地按照既定的食谱进食,遵照规定好的计划去运动,该做什么就做什么,坦然接受现在的身材,内心里没有抗争,减肥就不会在心里造成无法排解的困扰,这是一种高层次的思维。

　　第一种思维下的人,看到那些比自己还胖的人,却活得容光焕发、能量满满,肯定难以理解,或者还会感到震惊。因为在他的认知里,赘肉是万恶之源,人是不可能带着一身赘肉还能活得幸福的,但实际并非如此。

"不识庐山真面目，只缘身在此山中。"很多时候，看不清问题的真相，只是因为站的位置不够远，当我们的思想处在一个更高维度的时候，就拥有了"降维攻击"的能力，它让我们从当前的困局中解脱出来，以一种截然不同的眼光来看待世界，原先的问题可能不再是问题。就好像一个人只有2000元月薪的时候，去买一件2000元的衣服可能会很难取舍。但当他有了20万元的月薪时，取舍还会艰难吗？当思维的层次提升后，视野会更加高远，对现状的认识理解会不一样，起初解决不了的问题此时也能迎刃而解。

《繁花》的爷叔曾说过这样一段话："我站在一楼，有人骂我，我听到了很生气；我站在十楼，有人骂我，我听不清，还以为他在跟我打招呼；我站在一百楼，有人骂我，我放眼望去，只有尽收眼底的风景。"提高自己的思想维度，你的人生也将会不可思议。

只和能为你提供帮助的人谈论问题

经常网购的人一般会发现一个现象,当你搜索了某样物品之后,只要打开购物软件,立马会出现一堆同类物品让你挑选。同样,如果你是喜欢八卦新闻的人,打开新闻页面,也会出现大量的八卦新闻,如果不留意的话,可能一整天都会陷在这些八卦新闻里面了。

这大概是吸引力法则最直观的呈现了,在没有大数据的时代,或许这个法则不会表现得这样明显,但也并非完全没有展现。比如,如果你是一个喜欢围棋的人,你自然会慢慢吸引来一些下围棋的人;如果你是广场舞爱好者,你也会吸引来一些跳广场舞的人。物以类聚,人以群分。你是什么样的人,就会吸引什么样的人。

而你挂在嘴上的人生,就是你的人生,人最容易被自己说出的话催眠。

很多人特别奇怪,遇到问题不去解决问题,而是去向第三人倾诉、抱怨,比如夫妻之间产生了矛盾,不去找对方将问题说清楚,反而是找朋友、父母倾诉,需要对方与自己共情,一同将对方大骂一顿心中才舒服。然而,这样做矛盾就解决了吗?有生活智慧的人都知道,夫妻之间的矛盾一定要在小家庭范围之内解决,一旦将家中长辈牵扯进来,小事就会变成大事。

生活中其他的事情也是一样,如果真正专注于解决问题的话,你会去寻找能帮你解决问题的人。就拿减肥来说,如果你去寻找医生检查身体的问题，让医生帮助自己制订合适的食谱，这是在解决问题；去找健身专家为自己量身定制塑身方案，这也是在解决问题。可更多的人却不是这样。他们只会跟身边的人，或者对着镜子埋怨自己长得胖，或者吐槽自己吃得多，但就是不去寻找解决的方法。

著名财经作家钱伯鑫说："富人总是在致力于解决问题，而穷人则是忙着抱怨。"马云也多次在演讲中说："成功人士和其他人的最大区别就是，他们永远对未来抱有希望，乐观看待未来，他们从来不抱怨。"

真正的强者都是行动派。比如一个人生病了，他不去看医生，只会跟身边的亲朋好友说自己病了，这虽然会换来很多人的关心和担心，但这种担心能起什么作用呢？只会让当事人陷在疾病里，然后心安理得地获得别人的关心。不少得不到父母关照的小孩就会这样，当他发现只有自己生病时父母才会着急，停下手头的工作来陪伴自己，他就会经常装病。这是一种变相的获取关爱的方法，类似会哭的孩子有奶吃。

在我们幼年时，我们需要父母的照顾才能生存，会通过哭的方式来获得大人的关注，让大人替我们解决问题。当我们长大后，就用抱怨的方式替代了哭泣，潜在的台词是希望世界如我们希望的那样运转。一如小时候，只要一哭泣，大人就会放下手中的活儿来照顾自己一样。但实际上，世界并不会围绕自己转，每个人都有自己的事情要做，每个人都不可能以他人为轴心。每个成年人也都拥有解决问题的能力，只要你知道自己想要什么，将关注点放在这件事情上，去寻找解决的办法，那么问题就能得到解决。反之，你不断地抱怨、倾诉，跟没有能力解决你的问题的人谈论你的事情，不仅于事无补，反而会让事情变得更加复杂艰难。因为当你不断地谈论问题的时候，会削弱自己处理问题的信心。

如果你想要减肥，只要关注减肥就好，你不断地跟人谈论你的肥胖，除了让你自我感觉更糟糕之外还能收获什么呢？无论什么时候，你和别人谈论起自己的痛苦，你都是在向外界传递一种痛苦的生活和思考模式。那样一来，说者和听者表面上看来不过是无心地说，无心地听，可是就在无意之中，痛苦的生活模式悄然植根于彼此的心里。所以，不要向别人抱怨、倾诉问题，也不要去关注、倾听别人的抱怨，当一个人聆听别人的抱怨时，心里难免会有一丝快感，但是获得这丝快感的同时，心里也会悄然留下伤痛。

狮子在森林里全身心地关注它想捕捉的小动物，牛在草原上也只关注嫩绿的青草。只有人类很奇怪，不去关注自己想要的，而关注自己不想要的，这是为什么呢？很简单，因为人们往往不知道自己想要什么。

我们这个世界存在太多的谎言、太多的故事，《人类简史》的作者尤瓦尔·赫拉利说人类能够成为地球之主，站上食物链的顶端，依靠的最主要的一个能力就是讲故事。因为各种各样的故事让我们相信了那些根本不存在的东西，故事将人们团结在一起，共同对付有害于自己的其他生物。

这些故事是编造出来的，并不是真实存在的，只是我们在不断的学习、强化过程中信以为真。就像减肥，所有人都认为肥胖有碍观瞻，可这并不是真实的。在早些年，包括现在很多地方都以胖为美。胖了不好看，只是别人告诉我们的一个"故事"，而我们却为此付出了大量的精力和金钱。当你跟别人倾诉、抱怨，说自己要减肥时，其实你的内心深处并不想要减肥，所以你才会跟那些并不能帮助你减肥的人诉说。如果你真的想减肥，你只会去关注那些能让你减肥的信息并行动起来。之所以要减肥，是因为这个愿望来自外界，是别人告诉你的，是媒体告诉你的，你认为只有减肥才能获得大众的认可，但你内心知道，这不是真的。如果这是真的，你一定会下定决心，排除万难，减肥成功。打个比方，一个人感冒时，可能会跟朋友倾诉，不去医院；但如果一个人胃出血，他第一时间肯定就是去求助于医生，因为他很清楚，只有医生能帮助他。

所以，如果你想做什么，就去关注这件事情，去跟那些有经验的、能给你提供帮助的人谈论这件事，因为只有他们能真正地帮助你，为你提供正确的解决方案。而跟其他人谈论，只会让问题被放大，你谈论得越多，问题就越难以解决。那些不能帮助你解决问题的人，只是你放大自己无助的工具而已。

实际上，你是有力量的，你有改变自身的力量，只要你为自己负起责任，只专注于解决问题，只与能帮助自己解决问题的人谈论，那么，你的人生就会发生理想的变化。

幸福就是
拥有什么就珍惜什么，享受什么

一位行者问得道高僧："您得道前做什么？"

高僧说："砍柴、担水、做饭。"

行者就问："那得道后呢？"

高僧说："砍柴、担水、做饭。"

行者就奇怪了，说："那你得道前后做的事情不是一样的吗，怎么样才算作得道呢？"

高僧就说了："得道前，砍柴时惦记着挑水，挑水时惦记着做饭；得道后，砍柴即砍柴，担水即担水，做饭即做饭。"

人类的大脑大概是这世界上最奇特的一个器官，它最离奇的功能就是编造故事，它可以让我们相信：栅栏那边的草更绿些。

看看我们现实中的生活，能够享受此时此刻的人几乎没有，大家都在幻想着，有更多钱的时候我要怎样享受；有更多时间的时候我要怎样享受……如那首歌唱的："我想去桂林呀我想去桂林，可是有时间的时候我却没有钱；我想去桂林呀我想去桂林，可是有了钱的时候我却没时间。"

人生总在他处，梦想总在他处。

小时候，我们被催着好好学习，快快长大；长大了，又被催着好好工作，快快结婚；结婚了，又被催着快生小孩；生了小孩，又开始催促着、期盼着，让孩子重复自己的一生。我们的人生，就这样被催促着前进，唯恐停下来就会被抛弃。

然而，人生并没有什么一定要去的地方。如果你砍柴时惦记着挑水，挑水时惦记着做饭，那你从来不曾真正享受过当前的事情。事后回想起来，脑中却是一片空白，好像什么都没有做过。

其实不管你去哪里，人生都是一样的。小城市的人拼尽全力想去大城市，大城市的人用尽心机想出国，而出国的人呢？每个人都想着往高处走，可走到了高处，又如何呢？生命的终点都是一样的，所谓的人生只是一连串的体验，这些体验决定了你人生的丰富与否。生活不是一条线，而是由一个个的刹那组成的；人生不是痛苦的攀登，而是快乐的旋转舞台。只要你快乐地享受每支舞曲，尽情投入每支舞蹈，终有一日你会发现，你一直在舞台上，而舞台也越来越大了。虽然你哪里也没有去，但你的世界已经变了。

蜀之鄙有二僧：其一贫，其一富。贫者语于富者曰："吾欲之南海,何如?"富者曰:"子何恃而往?"曰:"吾一瓶一钵足矣。"富者曰:"吾数年来欲买舟而下,犹未能也。子何恃而往!"越明年,贫者自南海还,以告富者,富者有惭色。

不管做什么事,下定决心了就去做,而不是想着等条件成熟了再去做。条件永远没有成熟的时候,如果边做边调整,做着做着就会发现,很多当初看似阻碍的东西也都在无形中消失了。人生只有当下,没有将来。

相信没有谁减肥仅仅是为了减肥,减肥是为了健康、苗条、好看,那么我们就要放下过去,满足于当下拥有的,立足当下,朝自己想要的生活方向走去。如果你认为一定要拥有什么才能幸福,那么你永远也不可能幸福,因为今天你认为肥胖是幸福的绊脚石,那么瘦下来之后,一定还会有另外一样东西成为你幸福的绊脚石。

宋代苏东坡写过一首《定风波》,里面的女主角就是这般心思:

> 常美人间琢玉郎,天应乞与点酥娘。尽道清歌传皓齿,风起,雪飞炎海变清凉。
>
> 万里归来颜愈少,微笑,笑时犹带岭梅香。试问岭南应不好,却道:此心安处是吾乡。

苏东坡的好友王巩因事被贬去岭南,那时候的岭南地处偏僻,是蛮夷之地,中原人是不愿意去的,可王巩的侍妾寓娘二话不说就跟着去了。多年后,他们北归,苏东坡看她似乎更年轻了,就问她:"岭南那地方应该很不好吧?"寓娘回答说:"此心安处是吾乡。"

苏东坡赞叹不已,特地作词一首以表敬佩之情。

一位旅人来到藏区,与藏人聊天。旅人走遍天下,藏人从未离开过家乡,二人彼此都同情对方:旅人认为藏人真可怜,一辈子待在一个地方,未见过别的风景;而藏人认为旅人真可怜,离家万里,旅途奔波。

人生总是会有这样那样的事情,事事顺心在现实中可能性很小,但人不能心随境转,而要做到境随心转。"境"是客观的,而"心"则是主观的,境由心来解释,而不是相反,正所谓"不是风动不是幡动,仁者心动"。

当你遇到困难认为自己在吃苦的时候,你要告诉自己:太好了，这个苦正是我想吃的，以后再大的苦也就不会苦了。人来到这世间就是来体验百味的，就好像大家都喜欢餐桌上荤素搭配，咸甜适宜，如果只有甜，估计吃不了几口就会腻的。

如果你不能享受现下的一切，活在悔恨或对未来的担忧、焦虑中，每天都与脂肪对抗，那就很难减肥成功。相反，如果你能清醒地认识到，现在的肥胖是由过去造成的，将过去的还给过去，从此刻起，轻装上阵，过好当下的每一刻，享受当下的每一刻，那么你的人生就会发生质的变化。

想减肥成功？
谈场刻骨铭心的恋爱吧

莫道不销魂，帘卷西风，人比黄花瘦。

衣带渐宽终不悔，为伊消得人憔悴。

古往今来，写爱情的诗词曲赋数不胜数。爱情，成了世界上最让人迷惑不解的课题。无数人为之前赴后继、难以自持，为了爱情夜不成寐、茶饭不思、相思成疾的人数不胜数。

谈恋爱能减肥，这个说法，看到的人如果不是认为其很可笑，大概就是认为这是相思成疾导致的消瘦。实际上并非如此，"问世间情为何物，只教人生死相许"。爱情的力量是伟大的，陷入情网中的人，总希望让对方看到自己美好的一面，也会努力让自

己变得更好，减肥的动力会增强，这是一个原因。

另外，人都是渴望被爱、被关注的，在爱人的眼里，被爱者是完美的，他的一言一行、一举一动都可爱无比，这样的关注恰恰弥补了被爱者心里爱的缺失。人之所以会胖，幼年时期未得到足够的关爱和情感关注是一个重要的因素，而恋爱则弥补了这一缺憾。恋爱中的男女在恋人面前说的和做的，都会让人感到可笑，有时像个孩子一样，因为他/她确实回到了婴儿时期，成长中的各种心理防御都不见了，在恋人面前表现出最本真的状态。而且，处于恋爱中的人是完全放松的，放松是人最舒适的状态，这时候没有任何阻抗，吃进去的东西也能更好地消化，内心没有混乱，全然地接受自己。很多女性会喜欢问对方是不是爱自己，其实不如感受自己的身体。如果在他面前身体是放松的，那就不用质疑；否则，他再怎么说爱你，也是无用的。身体是最诚实也是最具感知力的，不具有任何的欺骗性。

有人说："荷尔蒙决定一见钟情，多巴胺决定天长地久，肾上腺决定出不出手，自尊心决定谁先开口。"现实中不少过来人会奉劝那些陷在爱情里面，完全罔顾现实的年轻男女不要"有情饮水饱"，看生活要长远，要现实一点。然而热恋中的人却是什么都听不进去，不管对方有怎样的缺点都能视而不见，无论父母、亲人怎样劝慰也无动于衷，等到进入了婚姻才幡然醒悟，发现婚姻和爱情完全是两回事，后悔莫及，直感叹自己婚前"瞎了眼"。这不是因为恋爱中的人卸下了防御，智商为零，而是有着深层的科学原因。

人在恋爱的时候，大脑的12个区域会协同工作，释放出大量的兴奋物质，如肾上腺素、多巴胺、内啡肽、苯乙胺、血清素、催产素等等。这些物质各有其作用，比如，肾上腺素能使人心跳加速、血流加快、手心出汗、面色发红，这些与恋爱中人的表现完全吻合；被称为"快活荷尔蒙"的内啡肽简直有着如同鸦片一般的效果，能让人莫名欢乐，恋爱中的人经常会不由自主地发笑，就是这个物质起的作用；苯乙胺最神奇，它具有抑制食欲的效果，"有情饮水饱"就归功于苯乙胺，而且苯乙胺副作用很强，它会让恋爱中的人无限放大对方的优点，而忽视缺点，所以才会"情人眼里出西施"，让陷入爱情中的人对对方的缺点视而不见，直把对方当作"男神""女神"；多巴胺在一个人遇到心仪的对象时才会大量分泌，这种激素有如同咖啡因一样的作用，会令人上瘾，陷入爱情中的人会着魔一般地思念对方，"一日不见，如隔三秋"，便是多巴胺的功劳了。

谈恋爱之所以能减肥，就是因为这些激素当中的一部分会刺激神经中枢，导致食欲降低。尤其是里面的催产素，不仅减少食欲，还能加速燃脂，降低体脂率，尤其是增加内脏脂肪的消耗。比起皮下脂肪（我们伸手可以摸得到的"肥肉"），内脏脂肪对人体造成的危害更大，它是各种慢性病的罪魁祸首，而且很难通过常规运动消除。

日本福岛县立医科大学与知名医疗集团高须诊所共同进行过一项研究，他们对比了体脂率为 36% 的肥胖实验鼠和体脂率只有 10% 的正常体形实验鼠，持续十天给它们皮下注射催产素。十天之后，研究人员发现肥胖组的老鼠每只都减去了 10%～15% 的脂肪，而且不仅仅是皮下脂肪，内脏脂肪也大幅减少；而体形正常的老鼠变化则没有这么明显，只稍稍有些降低。

有人说在好的爱情里待上七年，人就能获得重生，这不是没有道理的。好的爱人就跟好的父母一样，能够无限包容，让人重塑自己，这份爱的支持能够让人将成长过程中所形成的头脑中的"盔甲"卸掉，恢复柔软，所以恋爱中的人往往更加宽容、温柔。这种内心与自己的和解，对自己的完全接纳会让人更加爱自己，不会陷入食欲当中无法自拔。

所以,不管是为了幸福还是为了漂亮,遇到了真爱我们要勇敢追上前去,恋爱真的会让一个人变得更加美好。

热辣滚汤的人生，敢于当下就为自己奋起出拳

相信所有人都听说过弗洛伊德这个名字，他是精神分析学派的创始人。在欧洲，他几乎是家喻户晓的心理学家，潜意识的理论就是他提出来的。前面也提到过不少与潜意识有关的内容，我们的言行更多地受制于潜意识，而不是显意识。这种分析问题的方法给不少人减轻了痛苦，因为很多人并不知道自身的问题出自哪里。就像减肥，很多人盲目地在节食上下功夫，折腾来折腾去却还是原地踏步，直到深入分析，知道问题出自心理、情绪、童年创伤，然后寻找心理医生的帮助，深入内在去调理，才开始有所好转。

这就是弗洛伊德的理论之一，过去的经历将我们送到了今天的位置。然而，对于更多的人来说，知道了原因并没什么用，或者说，

他们并不是不知道问题出自哪里，而是根本就不想改变。反过来，他们将过去的原因作为自己不去改变的借口。就好像有的人，一边喊着减肥，一边却吃个不停，精神分析给了他一个理所当然的借口："童年的我没有得到足够的爱，所以现在通过吃来满足对爱的需求。"又或者有抑郁倾向的人在面对自己的软弱时会说："这都是过去父母的强势造成的，几十年的习性已经养成，我也没办法

改变什么。"然后便心安理得地"躺平"，不去为人生做点什么了。

我们每个人都能改变自己的人生，都能让人生如己所愿地前进，因为人是有意识的，是有力量的，并不是对一切束手无策的。弗洛伊德所说的精神创伤或许存在，但那并不是决定一切的因素，

我们所认知的世界不是客观世界本身，而是由我们主观所解释的世界。许多人有着同样的成长经历，但不代表这些人都有着同样的未来。童年受过无数创伤，后来却成就伟大事业、生活幸福的人比比皆是。对于同样的苦难，有人会说："我吃过这些苦，所以我坚决不让自己以后再吃这些苦。"而有的人会说："我吃了太多的苦，我的人生注定就是要吃苦。"

疑邻盗斧的故事出自《列子·说符》，原文是这样的："人有亡斧者，意其邻之子。视其行步，窃斧也；颜色，窃斧也；言语，窃斧也；动作态度，无为而不窃斧也。俄而，掘其沟而得其斧。他日复见其邻人之子，动作态度，无似窃斧者。"意思是说，一个人丢了斧头，怀疑是邻居的儿子偷的，看其走路、表情、说话，一言一行，都像是偷斧头的。过几天，他找到了斧头，再看邻居家的儿子，就觉得行为举止都不像偷斧头的了。

这便是所谓的先入为主。生活中，更多的人并不是由论据来推导论点，而是事先有了一个论点存在心中，然后去寻找论据，这样，无论如何，他都能找到足够的论据来支撑他的论点。

这便是我们这里要说的"目的论"，也可以说是目标导向。如果说弗洛伊德的理论强调过去对今天的影响，是为"原因论"，那么，他的弟子阿德勒的理论则指向于未来，是为"目的论"，也就是过去并不重要，未来才是重要的。一个人如果立志创造一番事业，他不会因为自己的出身和客观条件而自怨自艾，而是会立足今天创造明天；反之，如果一个人不想改变，他会把任何条件都当成阻碍他去改变的因素，比如出身、学历、家境等。

对于一个真正想要改变的人来说，重要的不是被给予了什么，而是如何去利用被给予的东西。美国神学家尼布尔写过一篇堪称20世纪最著名的祷告文——《宁静之祷》，里面写到："上帝，请赐予我平静，去接受我无法改变的。给予我勇气，去改变我能改变的。赐我智慧，分辨这两者的区别。"

可能很多人会说，我想减肥，我想幸福，我想要美好的人际关系，我想……但深入内心去看，很多人并不是真的想要改变，因为改变之后，一切都会脱离原有的轨道，和原先的生活完全不一样，不是他所熟悉的了。一个从小在不幸的家庭中长大的孩子，他已经习惯了那种鸡飞蛋打的生活，现在让他到那种温馨和睦的氛围中去，他可能会不知所措。所以他会本能地将一切变回原来的样子，因为那才是他的舒适区，待在那样的环境里，他才自在。

很多人觉得，人生就是一条直线，然而，实际上并不是这样。我们的人生只是一个又一个刹那的点，就好像银幕上的画面，看着是连续的动作，但实际上是一帧帧的画面，而这一帧帧的画面又是由若干像素组成的。

一个真正想要减肥的人，只需要着眼于现在，从当下做起，不把肥胖归咎于过去的某事某物。如果你还在为自己的肥胖找原因，说明你并不想减肥，因为寻找原因只是你不想为自己承担责任的一个借口。不管那个原因是什么，它都是既定的事实，这世上没有时光机可以让你回到过去修改剧本，我们只能接受事实，在这个事实的基础上寻求改变。以当下为出发点,以目的为导向,不害怕减肥带来的整个生活状态的改变,那么,从当下开始,你便已经得到了改变。

Chapter 05
感恩食物

一个对万事万物都能感恩的人,内心必定是幸福平和的。他会珍惜身边的一切,哪怕是微不足道的一口食物,也会细细品尝,不会因为易得而不在意,随便对待。以这样的心态去吃东西,又如何会因吃得过量而长胖呢?

信任你的身体，
它会告诉你该怎么做

"做女人多简单，总有人教你怎么做。"中国网球名将李娜在一个广告中这样说道。

何止做女人，我们在生活中做点什么，总有一堆人来指导。从一出生起，该做什么，该怎么做，该什么时候做，都有人来指导。怎么读书，怎么恋爱，怎样维持婚姻关系，哪怕是"吃"这样简单的事情，也会有大量的人来指导。随便翻开杂志、报纸，打开网站，铺天盖地都是各种专家来教我们要怎么吃，比如怎么吃不会胖，怎么吃不会得病。

可是，我们这个社会却还是问题百出。有长胖的人、生病的人，人们各种各样的问题只见多，不见少。长期以来，我们都无

比地相信专家所说,一个人体重多少与摄取的热量密切相关,胖是因为摄取的热量过多,所以减肥最直接的办法就是少摄取热量,也就是少吃,这也是为什么无数人通过节食甚至绝食(比如辟谷)等方式来减肥。

专家们总是告诉我们,要少吃什么,多吃什么,什么食物对人体好,什么食物对人体不好,每种食物中含有的各种微量元素、碳水化合物各有多少,都计算得清清楚楚,以至于不少想要减肥的姑娘每天都计算着卡路里来吃。然而,即便这样,大家最终获得的却是浮肿、电解质异常、脱水、抑郁等,前面已经论证过,几乎没有人通过这条路走向成功。

面对种种质疑,专家们会说,这是大家的意志力不够的缘故。

可这是真的吗？如果一个方法只适合具有超强意志力的人，那还算好的方法吗？

前面讲过，美没有固定的标准，按照黄金分割比例也不可能打造出一个真正的美人。美是艺术性的，是由审美的那双眼睛来定的。同样，我们的身体也不是机械的，而是有灵性的，身体喜欢什么样的食物，怎么可能按照别人的标准来呢？

现在的营养学理论大多是从西方传过来的，西方人体质与中国人并不相同，基于他们的体质所拟定的营养学食谱是不是适合中国人，这是一个值得商讨的问题。就中国境内而言，东西南北的气候、物产等也多有不同。北方多干燥，南方多湿润；东边近海，西边多山，不同的地理环境下植被都不一样，人又怎么可能吃同样的食物呢？

曾经有一个"八杯水"的理论风靡一时，就是说人每天要喝八杯水，才能满足身体对水的需求。于是有不少人，哪怕已经喝不下去，也要逼迫自己喝水，喝到想吐了，也还是照喝不误，因为专家们说这样可以排毒。

其实，稍微用心想一下就会发现这个说法有问题，"八杯水"并没说杯子多大，300毫升和500毫升的杯子，八杯下来，区别会有多大？体力劳动的人和脑力劳动的人每天需要的饮水量会是一样的吗？冬天和夏天也没有区别吗？这个理论的流传导致不少人因为过量饮水而水中毒，害人不浅。

不管是饮食还是饮水，都有一个"量"的问题，也有一个因地制宜的问题。之所以很少有人通过专家指导的饮食方式来达到瘦身的目的，是因为这些方式并不是完全适合自己的。哲学家告诫人们，不要让自己的头脑成为别人的跑马场，同样，也不能让自己的身体成为别人的试验田。我们真正需要听从的是自己的身体，身体才是最清楚自己需要什么的，但这个最为关键的因素常常被忽略了。专家的意见当然不能说不好，但那意见是基于一定的样本制订出来的，而样本只是在一个大范围内取平均值，个人的身体却和样本不尽相同。世界上没有两片相同的叶子，更何况有血有肉有感情的人。

一个人饿了，自然会想吃东西；口渴了，自然会想要喝水；甜的吃多了，自然会想吃咸的……这些都是人的本能，人体自身具有调节的能力，并不需要外界强加给它什么。我们刻意地去逼迫身体少吃或者多吃，就跟我们逼迫小孩学习一样。其实孩子生来就有学习的欲望，我们以自以为的方式去逼迫他，反而让他失去了学习的兴趣。

现今的信息时代给了我们太多的信息，每个人都可以在最短的时间内找到无数的信息来解决自己的疑惑，但这造成了另一个问题：没有人会认真地聆听自己，聆听自己身体的声音。身体某个部位疼痛了，第一时间想到的是医药；肥胖了，第一时间想到的是减肥药。我们忘了，最值得信任的其实是自己的身体。就好像脸上有个痘痘，有些人不是想着怎么治好这个痘痘，而是想着用什么化妆品把它遮住。真正的问题一直在那里，等着我们去解决，可大多数人都视而不见，听而不闻。

吃什么不吃什么，身体一直在清晰地诉说着，但没有几个人会用心去听，我们用大量的烟、酒、食物等，将身体填得满满的，不让它有片刻的喘息，如此，身体又如何会呈现出良好的状态呢？

如果我们像爱自己的新衣服、新房子、新车一样，对身体爱护有加，时刻关注，不把各种身体不喜欢的东西强行塞入胃里，身体还会有那么多问题吗？

身体是有智慧的，它也一直以最大的包容爱着我们。所以，与其满世界寻找减肥之法，将减肥的食谱试遍，我们不如静下心来，好好关注自己的身体，看看它需要什么。满足身体的需求，肥胖的问题自然会迎刃而解。

感恩食物能够改变食物的能量转换

　　基督教徒在吃饭前都会祷告,感谢阳光、雨露,使土地产出丰美的食物。这在很多人看来很可笑,不过吃个饭罢了,哪需要这么多的仪式?现在的食物实在太丰富了,没有人体会到挨饿是多么难受的滋味,认为吃饭不过是一件稀松平常的事情,就跟人们呼吸空气一样,平时察觉不到,直到污染严重时才会明白,好的空气是多么重要。

　　西方人认为吃饭是吃其中的碳水化合物、维生素、蛋白质等营养物质,然而,就跟人体不只是由各大器官组成的一个大机器一样,食物也不单纯由这些物质组成,否则将这些物质中的特殊成分提取出来,每日按标准配方吃营养丸算了,哪里还用吃饭?

人吃饭，就跟植物将光转换为能量一样，是吸取能量的一种方式。这种能量除了与食物自身有关外，更与人的消化能力和对食物的态度息息相关。

曾经风靡一时的高端餐饮代表"俏江南"是张兰一手创办的，张兰的父亲曾经是天津老美华鞋店的老板，后来家道中落，但其传统贵族的生活方式却保留了下来。在中国缺吃少穿的年代，张兰家的饭桌也擦得干干净净，哪怕只有几个咸菜，也会摆上几个碟，切出不同的花，搭配上采来的花瓣，尽可能让饭桌上多一些生机和美观。即使是在最艰苦的日子里，父母也会尽量让家里保持干净整齐，这些生活习惯对张兰产生了重大的影响。

很多人可能会认为这是没落贵族的穷讲究，实际上，这显示

的是一种对生活的态度。如果我们在每次吃东西的时候，都能够如此，对食物表示重视和感恩，而不是像猪八戒吃人参果一样狼吞虎咽，不仅不会导致多吃，而且食物的能量转换也会随之改变。前面讲过，思想的力量是极其强大的，当我们以感恩的心态来进食时，每一口都是享受，每一口都会细心咀嚼，这样子，吃饭的过程本身就很愉悦，消化能力也会大大增强。

现在各种深加工食品满天飞，营养专家们整天呼吁不要吃垃圾食品。可是，市场上加工食品的品类越多，吃的人也越来越多。尤其是小孩子，你越是不让他吃，他就越是要吃，比如各种加工肉类、油炸食品、高糖食品等，我们一边大吃特吃，一边又告诉自己和孩子，这些食物不好，可以想象，吃的时候心里有多纠结。

其实对食物最大的感恩就是享受，而不是祈祷，每一口细心地咀嚼，都是对食物最大的赞赏，就好像你对爱人的每一次注视一样。当你享受每一口送入嘴里的食物时，食物就因你的享受而实现了它的最大价值，所以，你完全可以改变食物的能量转换。

食物本身是中性的，并无好坏之分，当你想吃的时候，说明你心里有这样的需求。真实的需求是无法被压制的，它总会冒头，就像节食不可能持续下去一样。与其如此，不如感恩食物，祝福生活，全心全意地去吃。

当然，这不是说所有的东西都可以随便乱吃，感恩可以提升食物的能量转换，但不代表食物本身就没有能量高低之分。

不管是饮食，还是做其他事情，最重要的一个前提条件是享受。你做一件事情，如果不享受，为什么要去做呢？一边吃东西，一边却对这种东西厌恶至极，在这种矛盾的心理下吃进去的东西不容易转化为对身体有益的养分。

吃什么不是第一位的，以什么样的心态去吃才是第一位的。当我们以感恩的心态去吃的时候，内心是平和安详的，这自然会让食物更好地吸收。

《道德经》有言："祸莫大于不知足，咎莫大于欲得。故知足之足，常足矣。"一个人是不是幸福，是不是快乐，并不取决于他拥有什么，而取决于他对拥有的一切怀有怎样的态度。我们生活在这样一个富足的时代，有太多可供选择的食品，这本身是一件极其幸福的事情，如果我们不能对此感到知足，自然是幸福感低的。

一个对万事万物都能感恩的人，内心必定是幸福平和的，他会珍惜身边的一切，哪怕是微不足道的一口食物，也会细细品尝，不会因为易得而不在意，随便对待。以这样的心态去吃东西，又如何会因吃得过量而长胖呢？

感恩食物最好的方式是：享受它

人间烟火气，最抚凡人心。最具烟火气代表的美食，具有联结一切的本领，称得上世间最有治愈力的东西。古今中外喜爱美食的名人数不胜数，最有名的当然是苏东坡，光用他的名字命名的菜肴就有不少，如东坡肘子、东坡豆腐、东坡饼、东坡肉等。他也确实是一位名副其实的吃货，桃红柳绿、春光正好的日子，人家看到的全是美景，他看到的全是美食："蒌蒿满地芦芽短，正是河豚欲上时。"岭南在宋时还是蛮荒之地，他却说："日啖荔枝三百颗，不辞长作岭南人。"这算得上吃出境界了吧？

不过跟西晋时的张翰比起来，他似乎也算不了什么。《世说新语》记载："张季鹰辟齐王东曹掾，在洛，见秋风起，因思吴中菰菜羹、鲈鱼脍,曰:'人生贵得适意尔,何能羁宦数千里以要名爵!'遂命驾便归。"张翰是江苏苏州人,字季鹰,在当时的都城洛阳做官。秋风起时,他想起苏州的菰菜羹、鲈鱼脍,思念不已,于是干脆就辞掉官职,回苏州去了,留下一个成语叫"莼羹鲈脍"。菰菜和鲈鱼也因他而名扬海内外,张翰堪称千古第一吃货。

吃是人与生俱来的本能,马斯洛需求层次理论中,人类需求五层次的第一层就是饮食、睡眠、水等生理需求。毕竟,人是要靠这些来生存下去的。

可是,对于减肥的人来说,但凡和食物、吃等相关的词语,都让他们变得警惕,似乎沾染上这些字眼立马就会长几斤肉。看看上面提到的为了美食不惜辞官的人,再对比跟吃东西拼死作对的人,一个是悠然自得,一个是如履薄冰,心里是不是有几分感叹呢?

前面已经用大量的篇幅说过,跟食物对抗永远不可能有什么好的结果,人不可能通过节食来减肥成功,饮食也是绝对不能少的,既然如此,为什么不好好享受美食呢?说到这里,可能会有不少人认为这是站着说话不腰疼,那么多人不喜欢自己的工作,还不是得几十年如一日地上下班。

这个问题,闻名世界的日本企业家稻盛和夫在他的《活法》里面讲过。他刚毕业时,供职于松风工业,他说:"这是一家生产绝缘瓷瓶、属于无机化学领域的企业,而研究新型陶瓷也是被分配的、不得不做的工作……这个领域当时还是一个未知的世界,缺乏可靠的研究资料。另外，公司很穷，没有什么像样的实验设备，也没有上司或前辈可以指导我的工作。在这样的环境里，要做到'热爱自己的工作'实在不容易。但是辞职转行又没成功，我只好留在这里。"

专业不太对口，公司环境也不好，想去别的公司又没有途径，怎么办呢？稻盛和夫并不像大多数年轻人那样，在抱怨中得过且过，而是"决定改变自己的'心态'，'埋头到工作中去！'我（稻盛和夫）努力说服自己。即使做不到很快就热爱工作，但至少'厌恶工作'这种负面情绪必须从心中排除。我决定倾注全力先把眼前的工作做好再说"。

心态一变，世界就变了。稻和盛夫开始从头学习与新型陶瓷相关的知识，从一开始的强迫自己去学习、琢磨，到逐渐被新型陶瓷的魅力所吸引，不知不觉爱上了这项工作，最终成立京瓷集团。这中间最关键的在于转变心态，用他的话说："在改变自己心态的瞬间，人生就出现了转机。此前的恶性循环被切断，良性循环开始了。"

工作尚且如此，更何况是减肥呢！条条道路通罗马，如果一条道如何努力都走不通，那可能是老天在提醒你该另辟蹊径，寻找其他的道路。长胖的罪魁祸首不是食物，把长胖归咎于食物，本身就弄错了方向，又怎么可能得到想要的结果呢？

稻盛和夫说，要想拥有一个充实的人生，你只有两种选择：一种是"从事自己喜欢的工作"，另一种则是"让自己喜欢上工作"。

不管是主动喜欢还是被动喜欢,只有当你喜欢的时候,你才有可能把工作干好,这个道理适用于生活的各个方面。做任何事情,关键是要享受它,如果不喜欢不享受,为什么还要去做呢?

很多人生活得很分裂,做什么都一边做一边抱怨。吃东西、穿衣服、选择专业、选择工作,莫不如此,连交朋友也是这样。不交与自己三观相合、性情相投、彼此互相欣赏的朋友,却从利益的角度来与人交往,于是表面笑嘻嘻,心里哭唧唧……

吃东西也是,手不停地将食物大口往嘴里塞,脑中却大喊不要吃;满脑子想的都是大鱼大肉,嘴里嚼着的却是苹果、黄瓜。当一个人心口不一,想的与做的不一致时,内心是分裂的,这样内耗相当严重:看电视剧的时间花了,却没得到想要的消遣;买衣服的钱花了，却没有得到想要的效果；食物都吃进胃里了，却没有享受到食物的美味。总之，该消耗的都消耗了，却没有得到想要的结果，这种内耗是让人消极的最关键因素。

从现在开始，吃东西时就彻底忘掉减肥的事情。不要担心长胖，不要纠结，吃自己喜欢吃的东西，相信吃东西时的心理状态远远比吃什么东西重要得多。像苏东坡和张翰那样，将食物请进自己的生活，发自内心地喜欢它们，细细品味食物的芳香与甜美。相信我，这样只会让自己的生活多一些美好和幸福，脂肪也会悄无声息地离开。

细嚼慢咽，就能与身体对话

如果一定要在瘦人和胖人之间做一个对比的话，吃饭的速度相信会是一个比较明显的差别。瘦的人往往吃饭慢，细嚼慢咽，一口饭嚼上几十次；而胖的人吃饭大多狼吞虎咽，三下五除二就吃完了。如果一个胖子和一个瘦子在一起吃饭，可以想见，前者会有大量的时间在等待后者快快吃完。

细嚼慢咽是一种极好的生活方式，当然也是一种减肥方式。从医学理论上来讲，食物从嘴里吃进去一直到被消化吸收，这中间是一个漫长的转化过程，最终只有转化成液体的部分才能被小肠吸收，无法吸收的固体渣渣成为废物被排出体外。

大多数人没有吸收的概念，认为食物只要吃进去就一定能吸收，其实并不是，消化功能弱的人，吃得多反而是坏事。医生一般也会让患者选择清淡的饮食，因为人在生病的状态下，消化吸收功能会减弱，这时候吃太过油腻的东西只会加重肠胃负担，反而于不利痊愈。

细嚼慢咽的一大功能就是帮助消化，食物被咀嚼得越细，肠胃负担减轻了不说，食物被吸收的比例也会大幅提高，因为食物咀嚼得越细，进入小肠的比例就越高。而没有被充分咀嚼的食物，大多只是在体内走了一趟，成了大肠中的宿便而已，非但没有为

人体带去什么有营养的东西，反而会增加负担。

从另一个角度来讲，从食物吃进胃里到大脑做出反应也有一个过程。据科学家统计，这个过程一般是 20 分钟。如果吃饭过于

狼吞虎咽，几下就将食物全塞进胃里，等到大脑反应过来时，可能已经吃了太多，这也是很多人一直到吃完饭才感觉吃撑了的原因。

细嚼慢咽的好处这里不再赘述，相信很多人早已知晓，但就跟早睡早起对身体好一样，没几个人能做到，这是为什么呢？工作忙，早上甚至连吃早餐的时间都没有，哪儿来的时间细嚼慢咽？中午吃的是快餐盒饭，哪里有心情细嚼慢咽？

因为生活节奏加快，所以我们也加快了吃饭速度，却不知道不加咀嚼的饭菜进入到胃里，会增加消化负担，造成消化功能紊乱。吃的东西虽然够多了，但身体所需的能量却还是不够，这样就会导致我们不断地增加摄入，形成恶性循环。

这个时代的节奏太快了，每个人都拼命地向前奔跑，恨不能将每一秒钟都用来学习、赚钱，碎片化的时间都要用来提升自己，似乎唯有如此方能不被高速前进的时代列车抛下。可是，有没有人想过，这样的方式是否有问题？有没有人想过，其实我们可以不用过得这么忙碌，不用这么焦虑，也一样可以得到同样的生活质量甚至更高。

2011 年，32 岁的海归博士、复旦大学优秀青年教师于娟在凌晨因为乳腺癌去世，此前，她将自己所写的《癌症日记》发到了博客上，引起无数网友关注。她在日记中说："（我）不计血本地折腾自己，把自己当牲口一样，快马加鞭、马不停蹄、日夜兼程、废寝忘食、呕心沥血、苦不堪言。最高纪录是一天看 21 个小时的书，看了两天半去考试。"

《伊索寓言》里面有一个故事,说风和太阳争论谁的力量更大,它们争吵不休也没有结论。这时,大路上走来了一个行人。太阳说道:"我提议,谁能让这个人自动脱掉衣服,谁就是最强大的。"风点头答应了。

太阳躲到了乌云的后面让风先来,风鼓足了劲儿使命吹,路面很快被风吹得一干二净,可行人非但没有脱下衣服,反而将衣服裹得更紧了。风吹了老半天,徒劳无功,只好退场让太阳来。

太阳不紧不慢地从乌云后面露出脸来,照耀着行人。行人走着走着,就敞开了衣服,没过多久,就热得脱下了衣服。

俗话说,欲速则不达。我们是来体验人生、享受人生的,如果连吃饭都要急急忙忙,不能静下心来好好吃,那么这人生还有什么享受而言呢?

我们这个社会评价成功的标准简单粗暴,每个人都在一条单行道上奔跑,似乎只有拿到那个所谓的"成功"王冠,人生才可以幸福快乐。然而谁都知道,人生的终点是一样的,人生而为人是来这世间享受的,是来体验这个过程的,不是为了那个终点。

身体是我们在这世间行走的一个工具,心脏一旦停止跳动,所有的体验在刹那间就终止了,可是我们却在做什么呢?之所以没法细嚼慢咽,并不是因为每个人真的都那么忙碌,忙到连抽出20分钟好好吃顿饭的时间都没有,而是因为我们内心太过焦虑,吃饭时脑子里面在想别的东西,比如学业、工作或者其他。吃饭,这原本是最佳的与身体对话的时间,但我们的头脑却被其他的事情占据着。如果我们这样毫不在意自己的身体，又有什么理由要求身体成为自己想要的样子呢？

于娟在日记的最后真诚地呼吁："在生死临界点的时候，你会发现，任何的加班，给自己太多的压力，买房买车的需求，这些都是浮云。如果有时间，好好陪陪你的孩子，把买车的钱给父母亲买双鞋子，不要拼命去换什么大房子，和相爱的人在一起，蜗居也温暖。"

我们生活在这个时代，当然不可能逆时代潮流而行，但我们可以让自己从那焦虑、紧张的大潮中退出来。不去过多地关注与己无关的消息，安心地做好每一件事，吃好每一顿饭，走好每一步路，最终你会发现，你不需要火急火燎地去争取，做好你自己该做的，生活回馈给你的会更多。

食物的质量越高，需要的量就越少

食物在今天对于人们早已不仅是果腹之用，太多的人借助食物来舒缓情绪，长此以往，人们已经忘了自身需要的是什么。我们将各种快餐胡乱塞到胃里，一边排斥又一边吃。

现在很多人喜欢辛辣味重的食物，美其名曰"无辣不欢"，似乎吃辣是一件特别光荣的事情。实质上爱吃辣是因为压力太大，心情郁闷。辛辣的东西能够刺激味觉，而且有调气运气的功效，能够散气去瘀，让人体压抑的情绪通过食物得到舒缓。有很多人暴饮暴食，这也是心中积压了太多的情绪无法排遣所致。

前面讲过，不管吃什么，请都以感恩、享受的心态来吃，食物能给我们以助益。在不同的情况下，没有绝对正确的饮食，但不同的食物确实有不同的营养，不同的食物也有不同的热量，就跟不同的汽车加不同的油一样，我们塞到嘴里的每一口食物都会影响身体。身体与心理相互影响，并非单向的。而且，不同的烹饪方式也会影响食物本身。当我们通过各种烹饪方式，加上各种调味料来让天然食物变得美味可口时，便改变了食物中的营养成分，深加工会破坏天然食物原有的营养和口感。

暴饮暴食的人喜欢的大多是味道甜腻的食物，如蛋糕、巧克力等，这是因为甜食能够促进多巴胺分泌，让人心情愉悦；反过来讲，如果一个人心情平和愉悦，还需要疯狂地通过甜食来刺激多巴胺分泌吗？身体没有了这种需求，自然对甜食的渴望就降低了。所以，当我们一方面通过调节心理来改变饮食时，另一方面也可以通过饮食来改变心情，二者相辅相成。从食物的营养角度来看，应该优先选择的食物有两大类：

第一类，蔬菜、水果、种子类食物（如花生、大豆）等；

第二类，鸡蛋、蜂蜜、鱼、花生油、橄榄油，以及各种谷物杂粮等。

那些深加工的食物，如香肠、果酱、人造奶油之类的，因为过度加工破坏了食物原有的营养成分，食之无益，为自身着想，还是少吃为妙。

现在大家都讲圈子，一个人的朋友圈在一定程度上代表了这个人的层次，如果朋友圈里都是一些爱抱怨、负能量爆棚的人，那么可能需要思考一下，自己是不是也是其中之一。《世说新语》

里面讲过一个故事,说管宁和华歆是好朋友,两个人一起在菜园中锄菜,发现地上有块金子,管宁视而不见,继续挥舞锄头,而华歆将它扔到了一边。两个人又坐在一起读书,有穿着华服乘坐豪车的官员从门前经过,管宁继续读书,华歆却丢下书跑出去观看。管宁割席而坐,说:"你不是我的朋友。"

管宁是一个心无旁骛认真读书的人,与华歆这样的人,肯定没办法长久做朋友,分道扬镳是迟早的事情。用吸引力法则来说,你所拥有的都是你的意识吸引来的,如果你的内心不喜欢,头脑中没有那样的需求,那相关的东西肯定不会来到你身边,即使偶尔来到,发现与你不合,也会离开。你之所以会喜欢那些高热量的食物,是因为你对那些食物有需求。

真正的美味是很清淡的,之所以大家都喜欢烹调得过分辛辣或者甘甜的食物,是因为味觉失去了原有的敏感,需要厚重的味道刺激才能唤醒味觉。就跟老人喜欢吃咸的一样,因为他们的味觉功能在退化,太淡的食之无味。

现在很多地方提供素食,这是一种相对健康的饮食方式,但如果内心不够平和,再怎么提倡也没用。就好比鲁智深在五台山上待了三个月便到了忍耐的极限,因为无酒无肉受不了,心中烦躁,嚷嚷着"嘴里淡出个鸟来",一定得去弄点酒喝,弄点肉吃才舒服。

许多味道厚重的食物刺激了人的味觉,但营养价值并不高,也无法满足人体的需求。可能吃了一堆的东西,但实际能吸收的有营养价值的部分并不多,所以只能通过大量地进食来补足营养。

这样的结果自然是营养不够，但肠胃负担增加，肥胖在所难免。

而对于真正有营养的东西，身体能够吸收的成分多而需要排除的部分少，自然不需要太多就能补足人体所需。寺院里的僧人饮

食简单，但大多长寿且形体清瘦，极少有胖且多病的，因为他们没有那么多情绪性进食，且吃的也是身体需要的，食物的质量较高。如果我们珍惜身体，不胡乱吃东西，像照顾小孩子一样，给身体以有营养的、天然的高质量食物，再细细咀嚼，好好品尝食物的甘美滋味，如此，我们还会长胖吗？

吃饭时的心理状态远比吃的东西重要得多

我们所处的这个时代,美味的食物实在太多了,世界各地的美食汇聚到一起,让人目不暇接,很多人会在不经意间吃了太多,实在是不稀奇。据说在远古时代的罗马,有一位国王也是地地道道的吃货,可惜人只有一个胃,所以他无法尽情享受全国各地进献来的美食。为此,他专门配有一位医生,工作任务就是在他进餐结束之后,给他服药让他呕吐清空胃。这样,他可以无数次地享用美食,而不用担心胃太过胀满。

这跟现在一些人使用的催吐减肥法是一样的。其实,一个人如果跟身体连接得紧密,就不会有那样强的食欲,也不会难以面对各种各样的美味诱惑,真正好的食物并不会让人吃得过量。生

活中，我们接触到的大量加工食物，往往会对感官产生刺激，真正好的食物不会让人兴奋，不会让人沉溺，更不会让人吃了之后感觉沉重，但凡吃进去之后会产生这种感觉的，都不会是好的食物。真正好的食物，是身体需要的。就好像每个人的生物钟一样，每个人在不同的时间段，情绪状态、心理稳定性，以及学习、工作效率都不一样，每个人都需要去细心感受，找到自己身体的规律，这样才能事半功倍。食物也是这样的，每个人的身体都不一样，适合的食物也不一样，需要我们去用心寻找。

可以肯定的一点是，好的食物，它不会让人兴奋，不会让人沉溺，更不会让人身体沉重。比如烟、酒、咖啡、辣椒之类的东西会刺激人的味蕾，让人欲罢不能，而寺院里的食物连葱姜蒜等都被列为禁忌，其中一个原因就是这些味道重的食物会产生刺激。真正好的食物是平和的，就跟茶水一样，让人身轻心静。

比起好的食物，更重要的是吃饭时的心理状态。一位心理专家做过一个实验，他先把一些食物给猫，然后通过X光检测仪来观察猫，看猫吃完之后，它的胃是怎样消化这些食物的。他发现，当食物进入猫的胃的时候，胃马上就会释放出消化液。

这时，心理专家派人牵了一条狗到隔壁。当听到狗叫时，猫感到害怕，X光检测仪显示出猫体内的消化液释放立刻就停止了。

虽然狗随后被牵走，但猫胃里未消化的食物在长达六个小时的时间里都停留在同样的状态当中，没有被消化。当六个小时之后，消化液再次开始流动时，猫的胃里先前的食物已经变得坚硬，且变得难以消化。

这个实验充分显示了，猫的害怕情绪会导致胃停止工作。

生活中这种现象并不少见，比如有的人心情不好，就吃不下饭；有的人饭桌上生气了，就会胃痛。中国人很早就明白这一点，所以强调"食不言，寝不语"。以前有家长不明白，总习惯性地在饭桌上教育小孩，导致小孩不仅学习成绩上不去，身体也差了，就是因为吃饭时，小孩心理负担太重，没办法好好吃饭。

现在大家都很忙，很少有人能够安静地坐下来好好吃顿饭，有人在商务谈判时吃饭，有人边吃饭边看电视剧，有人边吃饭边聊天，有人边吃饭边想着其他事……吃饭变成了一件不需要动脑的事情，人们只需要把食物倒进嘴里，灌到胃里就行，就跟猪八戒吃人参果一样，囫囵吞枣，完全不知道自己吃了些什么。吃饭是在供养身体，如此敷衍应付，身体又怎么可能产生好的感觉呢？

很多人在吃饭时并不是在吃饭，而是在填补"爱的空白"。有一个很流行的句子："唯有美食与爱不可辜负。"诚然，美食是有一定的缓解心理问题的功效，食物是身体最重要的养分，当一个人缺爱时，他就会通过进食这种手段来弥补爱的缺失。但误把这两者联系在一起，以为吃东西就是在找补爱，很容易陷入暴饮暴食的境地。暴饮暴食的人大多喜欢蛋糕、面包这种东西，因为可以直接塞进嘴里，而不是像带刺的鱼，需要慢慢吃。这时进食不是身体的需求，而是心理的需求，快速吞咽下去的东西能够在最短的时间内填补内心爱的空缺。但这种行为，谁都知道是不可取的。

吃东西的时候，好好地品尝食物的色香味，一口一口慢慢咀嚼，让食物的味道充盈整个身体；喝水时，让水的清凉浸润全身，而不是仅仅停留在口腔里。如此，你就能全身心地感受水的美好。

当你这样全身心去体验入口的食物时，自然会生出感动，不会暴饮暴食，不会吃下超过身体需求量的食物。也只有这样，吃进去的食物才能赋予你正面的能量，让你感到饱足。

如何知道身体需要什么

暴饮暴食者都很清楚，很多时候吃东西，并不是胃里空了，感觉到饿了想吃，而纯粹是来自头脑的需求，心里有个黑洞，需要用食物去填满。就算是没有暴食经历的人，大多也会遇到"自己喜欢吃的会多吃一些，不喜欢吃的会少吃一些"这种现象，相信大家都知道这并非身体所需，而是头脑的偏好。

从身体健康的角度来说，当然是身体的喜好最为重要。可是，我们大多数人在生活中已经忽视自己的身体太久，与身体失去了连接，身体的喜好早被抛之脑后，取而代之的是头脑的嗜好，并成为一种习惯。比如喝酒的人，没有了酒精就会很难受，抽烟的人也是如此。有些人嗜好吃辣、吃咸等，各种各样的饮食习惯一旦养成，就很难改变，因为这些已经在头脑当中定型。

可如何才能知道身体爱吃什么，吃多少量刚刚好呢？

前文讲过，因为每个人的体质都不一样，能够吸收、消化的食物也不一样，需要的食物数量也不一样，身体的事只有身体最清楚。

我们要做的是把身体当作主人，而不只是用头脑去控制身体。有的人肯定有过这样的经验，咸的吃多了，就会想要喝水；甜的吃多了，就会想要改变口味，吃些咸的、辣的……身体是有这种本能的调节作用的，只不过我们平时疏忽了，对身体反馈的信号不够敏感，听不到身体的信号，才会导致各种问题出现。

要想知道身体需要什么，当然第一点是要聆听身体的声音，那怎样聆听呢？最简单的就是，所有放进嘴的东西，比如水、蔬菜等，在将它们塞进嘴里之前，在心里问问身体：你现在想吃这个吗？想喝这个吗？

静下心来，身体会将它的喜好以感觉的方式传递给你，如果感觉不好，那么就是身体不喜欢，这时候就不要强行将东西吃进去。比如，有的人很节约，明明吃饱了，胃已经很胀了，可是看到盘子里还剩下一点菜，就硬要吃下去。这时候，身体的感觉肯定不好，所以这时就要想想，是身体重要还是这点剩菜重要。如果是身体重要，我们就不应违背身体的意愿而强行咽下剩余的菜。

如果我们能遵照身体的提示来进食，那么我们根本不需要去操心和身体健康相关的问题，当然，这也包括身材的问题，身体自动会调节成它最完美的模样。

成年人往往很难一下子就体会到身体的需求。有些人为了减肥听从专家的意见，强行逼迫自己吃绿色蔬菜、吃水果，吃坚果，少吃肉、淀粉以及甜点。然而，强行扭转自己的饮食喜好是没有用的。一些暴食症患者，在禁食甜点一段时间后，会完全无法遏制地暴食一顿，这是因为惯性的力量太过强大。

正确的做法是一点点地纠正，先学着放慢进食的速度，一口一口品尝食物的味道，进而减少进食的数量。这样慢慢调节，直至听到身体的声音。那时候，一些对身体健康不好的食物，身体本能就会排斥了，根本不需要用意志力去抵抗。

很多人理解不了，比如，喜好甜点的人很难相信自己有一天会不喜欢甜点。可实际上，我们都有那种经历，比如小时候特别不喜欢吃的某样东西，长大后不经意间就能接受了，甚至变成了特别喜欢吃的东西。就像小孩普遍都不喜欢吃葱姜蒜，苦瓜、胡萝卜也有很多人不喜欢，但长大后基本就都能接受了。

我们在成长过程中接受了太多的知识，比如哪种食物好，哪种食物不好，哪种食物有营养，哪种食物没有营养，等等。当一样食物摆在我们面前时，到底身体想不想吃，是身体想吃还是头脑想吃，其实已经很难分清了。

那些争议很大的食物，如香菜、榴莲、臭豆腐等，喜欢的人就会特别喜欢，不喜欢的人就会特别不喜欢。如果你尝了之后，感觉非常难受，那就没必要因为别人说这特别好吃，或特别有营养，

就逼迫自己去吃。

所有关于食物的知识都是专家告诉你的,不是身体告诉你的,而身体才是真正的营养专家。在你进食物之前,有时要放下头脑里面关于食物的知识,学会听从身体这个"专家"的建议,身体感觉好就吃,不好就不吃,非常简单。

现在的人都没耐心安静地吃顿饭,就算不与人聊天,也会看电视、看手机,通过各种其他的活动来消遣进食时间,似乎吃饭是一件不需要耗费精力的事情,只需要把食物塞到胃里就行。不管做什么,包括吃饭、喝水,一心一意是很重要的,唯有如此,我们才能感知到身体的需求。

进食时,试着去体会食物进到嘴里咀嚼、吞咽,然后进入到胃里的过程。关注这一系列的过程中每一个细微的感受,久而久之，身体的感觉就会出现。食物是否符合身体需求，一看到食物，身体第一时间就会做出判断，根本不需要多下功夫，这就是养成了另一种习惯。

我们要养成一种习惯，最简单的方法不是排斥原先的习惯，而是用另一种习惯取而代之，然而习惯的养成需要潜移默化，非一朝一夕就能形成。我们与身体隔离了太久，现在想要听到身体的声音，必然也需要下功夫，静下心来聆听身体的声音。

爱自己就是静下心来，好好吃饭

有一个故事，一个朋友很兴奋地说他的胃病和失眠不经意间就好了。别人让他分享经验，他说，只是因为换了一个房子。因为新房子楼下有一家不错的早餐店，每次经过，店里都会飘出阵阵香气。于是，每天准时吃早餐的习惯便不经意间养成了。

好好坐下来吃三顿饭，这原本最不算事的事在今天似乎成了一件极其奢侈的事情。人们总是有太多的事情压缩了吃饭的时间。几片面包、一份三明治、一碗方便面、一盒快餐就是一顿饭，在看电视、敲键盘、聊天中就过去了，甚至可能吃完了都不知道自己吃了什么。茨威格《断头王后》里面有一句非常有名的话："她那时候还太年轻，不知道所有命运赠送的礼物，早已在暗中标好了价格。"这话套用到我们的身体上,也很合适:所有在吃饭、睡觉上省下的时间,生活总会让你在别的地方偿还。看看伴随快餐而生的肥胖、胃病、"三高",医院里只增不减的患者,谁还能辩驳些什么呢?

人生,并没什么必须到达的地方,又何需如此匆匆?一个连好好吃饭都做不到的人,生活得有多焦虑忙碌?那样的人生纵是获得了无数的称赞,最终又真的能获得什么吗?因"一杯牛奶强壮一个民族"的感召而一手创办温州均瑶集团有限公司的王均瑶,在中国曾显赫一时,却在2004年因劳累过度而英年早逝,时年仅

38岁。与此类似的例子层出不穷，新闻里也时常报道过劳死的白领，这些人能说是会生活吗？可以说，没有人能在不好好吃饭的情况下干好工作。列宁也曾说过，"不会休息就不会工作"。连吃饭时间都要压缩，其他的事情又怎么可能在放松状态下好好进行呢？

美国前总统奥巴马在任职总统期间生活十分忙碌。可即便这样，在一家人住进白宫以后，他还是努力保持生活与工作的平衡。他不仅保持自己曾经的用餐习惯，而且坚持一个原则不动摇——每周最起码有5个晚上要在6: 30回家和家人一起吃饭。

好好坐下来吃一日三餐，这听起来很简单，但里面确实有着深刻的心理因素。对于人生中一些重要的事情，人们都会举办一个仪式，例如从孩子出生到周岁到成年到结婚，家长都会为其举办盛大的仪式，这些仪式会让孩子更加重视自己，会让他在意识深处有一个提醒，不至于浑浑噩噩。中华是礼仪之邦，许多人家的小孩在很小的时候，未读书先学礼，也是为了规范其行为，让这些行为礼仪深入其潜意识，以后不管在什么样的境况之下，其言行举止都不会偏离规范。

仪式感能加重一个人的责任感，让我们对在意的事情怀有敬畏之心。它能唤醒我们对生活的尊重，感知到生活的幸福。当你洗干净手，认真坐下来好好吃饭的时候，头脑会意识到这件事很重要，也会更加在意。当你用心进餐时，身体会更加敏锐，对于吃多少，是否吃饱，会很快感知到，这也避免了暴食。

要说对待吃饭最认真的当数孔子,《论语·乡党》中讲他:"食不厌精,脍不厌细……食不语,寝不言。虽疏食菜羹,瓜祭,必齐如也。"古人非常讲究祭祀,每餐饭都要先拨出一部分供奉祖先,即使只是蔬菜瓜果、粗茶淡饭,孔子也会如正式的祭祖仪式一般行事,同时还要"食不语",对吃饭真是重视到了极致。

近些年备受人推崇的曾国藩更是将吃饭一事融入到了修身养性当中。众所周知,曾国藩是一个极其自律的人,讲究饮食有节、起居有常,在他的军队当中,每顿饭必须所有幕僚到齐方才开始。李鸿章是曾国藩的得意大弟子,但他本是自由散漫之人,习惯深夜读书,经常睡到日上三竿才起床,早饭对他而言简直是苦刑,这跟我们今天很多人是不是很相像?刚开始到军营时,他宁可不吃早饭也不愿早起。

曾国藩为了纠正他这个习惯,特地打发亲兵去喊他,一次喊不来,就两次;两次不来,就三次。李鸿章无奈之下,只好声称自己病了,可曾国藩仍坚持让他起床吃饭,否则所有幕僚都要一起等候。李鸿章无奈,只好起床前往。可想而知,现场气氛极其尴尬,鸦雀无声,大家都闷头吃饭。

李鸿章家世良好,少年聪慧,一路走来顺风顺水,哪里受过这样的难堪!羞愧之下,他改掉了懒散的毛病,成为继曾国藩之后的晚清一大名臣。曾国藩去世后,李鸿章作挽联:"师事近三十年,薪尽火传,筑室忝为门生长;威名震九万里,安内攘外,旷世难逢天下才。"其感激之情溢于言表。

现代人挂在嘴边的"忙"字在心学大师王阳明看来，简直是"作死"的节奏。他认为很多人之所以一辈子一事无成，恰恰就是因为"忙"。《传习录》里面讲："今人于吃饭时，虽然一事在前，其心常役役不宁，只缘此心忙惯了，所以收摄不住。"意思是说有些人在吃饭的时候，明明只有这一件事，可他的心却是忙乱不安宁的，因为心忙惯了，所以收不住。一个人在吃饭上尚且如此，在其他的事情上又怎么可能专心致志呢？

这个时代的快速发展让人们过度追求外在的东西，对身体缺乏关注，也使得大多数人的身体趋于麻木，对饥寒饱暖都不够敏感，所以好多人发现患病的时候已经是疾病的晚期了。

坐下来，心怀感恩，以开放、畅快的心情吃饭，看看自己吃多少东西，吃哪些东西会使身体最为舒服。这些并不需要特别费神，只要安心吃饭，细嚼慢咽，细细体味我们的感受即可。吃饱了就放下碗筷，一切顺从身体的自然。那些身形苗条的人，基本上都是顺应身体来吃东西的，有谁能长期用意志力去控制饮食呢？如果你认真吃饭了，头脑接收到这一信息，就不会长期想着要吃东西；而随便应付吃饭的人，脑子里面会时刻惦记着吃东西。

坐下来一心一意好好吃饭，表面上看是一件极其简单的事情，但自律、自爱、自重的生活哲理皆蕴含其中。

或许正是认识到好好吃饭的内在意义，古往今来的知名人士中，鲜少有对吃饭毫不在意的，被誉为"食神"的香港美食家蔡澜先生说："好的人生，从好好吃饭开始。"

Chapter 06
和身体在一起

运动是生命中最大的享受，当你运动的时候，你会感到开心，这种开心会加强你的自我肯定，这种自我肯定的感觉累加起来，会让人的身体变得轻盈。运动是享受，而非折磨。

跑步改变人生

说到跑步,相信很多人会第一时间想起《阿甘正传》,那个智商低于正常水平的孩子,小时候因为珍妮的一句"跑!阿甘,快跑!",从此便一发不可收拾地爱上了跑步。因为跑步,他进入了橄榄球队,被大学破格录取;后来他应征入伍,因为有如神助的跑步速度,他不仅在越南战场上活了下来,还救下战友,成为英雄,受到总统接见。再后来,经过了一系列的事情,尤其是珍妮的离开,阿甘陷入了迷茫之中。他想起珍妮的话,于是开始再次奔跑。一开始他只是用奔跑来逃避对珍妮的思念,缓解痛苦。跑着跑着,他所有的痛苦都被抛之脑后,他再一次全国闻名……

阿甘不是一个多么聪明的人,可以说,成就他的就是跑步。

跑步治好了他的腿疾，跑步让他有了上大学的机会，跑步给了他完全不一样的人生。

艺术来源于生活。因为跑步而改变人生的并非只有银幕上的阿甘，现实生活中这样的人不在少数。著名作家冯唐也曾在文章里说跑步三次改变了他的人生。少年时期的冯唐身体并不好，经常生病，是医院的常客，后来家人就让他每天跑步，慢慢地，他的身体强健了起来，这是第一次改变；后来在军校军训的那一年，他每天早上都要跑步半小时，毕业时，他从入校时的100斤出头长到了150斤，要知道，冯唐的身高在1.8米左右，这是第二次改变。都知道，作家喜静不喜动，身体容易出问题，肩周炎、脊椎病等很常见，冯唐因为一直坚持跑步，非但没有这些问题，而且40多岁了，身上仍丝毫没有赘肉，还能穿进20岁时的衣服，这些都得益于他长期坚持跑步。

用心观察会发现，古往今来的知名人士，极少有不爱运动的，有的甚至是运动健将。美国前总统布什是美国人的健身楷模，他会利用一切空闲时间运动，总统套房里、戴维营的林间小道上、白宫顶楼的健身房内，都有人见过他运动的身影，甚至在访问墨西哥的飞机上，他都会在跑步机上跑步。新加坡前总理李光耀也是如此，不管在哪里，他每天都要雷打不动跑20分钟。他自己说"我每天都做运动，如果不做，便感到懒散。我发现健身使我感觉更好，能开胃，也睡得更好。"要说忙，应该没多少人敢自己说比这些人更忙的，可为什么日理万机的他们还能坚持跑步呢？

跑步除了能带给人强健的身体之外，还有一个绝大多数人都想不到的好处——跑步能让大脑更年轻，更有活力，而且更聪明。电影里阿甘通过跑步治好腿疾并不是艺术的夸张，而是有着明确的医学理论支持的，因为跑步可以刺激大脑记忆中枢新细胞的生长。亚利桑那大学基尼-亚历山大博士通过研究得出一个观点：耐力跑有益于大脑功能，特别是能强化复杂的认知能力和多任务处理能力等，改变大脑的线路分布，而且两个小时的跑步就能够刺激大脑增加内啡肽的分泌，这可以让人心情愉悦。人在运动之后心情都会变好不是无缘无故的。

我们在前面讲过脑神经科学家 Sandra Aamodt 从 13 岁起就开始节食减肥的故事，她节食 30 多年没起作用，最后转换思维进行正常饮食才真的瘦了下来。因为大脑有惰性，不愿轻易去改变，但我们人是有意识的，可以掌握主动权去改变大脑。世界知名神经科学家、纽约大学终身教授 Wendy Suzuki 在这方面非常有权威，她利用自己做了一个实验证明大脑是可以改变的。在年届四十岁时，她一觉醒来发现自己的人生有诸多不如意，像无数同龄人一样，她瞬间滑入了中年危机的陷阱。不过她毕竟是神经科学方面的专家，很快就想到了要尝试全面运转自己的大脑，尤其是运动脑区，因为这一块很少使用。她制订了一个定期有氧运动的计划，附加少量的瑜伽练习。她并没有坚持太长的时间，好消息就出来了。Wendy Suzuki 感到自己不仅记忆力和注意力得到了改善，她对自己的体形也有了信心，而且心情更好，抗压能力和创造力都得到了增强，对问题的思考角度也有了改变，那些以前经常出现的消极思维模式也明显减少了。

可以说，运动唤起了 Wendy Suzuki 内心潜藏已久的热情，让她从一个只知道埋头研究的工作狂变成了一个会享受生活的有热情的女性。同时，她的研究工作并没有因此而搁置，因为她的大脑中不时会有新鲜的课题出现，这也让她大为惊喜。所以，作为一名神经科学家，她从科学的角度证实，人可以通过改变自己的大脑从而拥有幸福生活。

显然，改变大脑最简单的方式就是运动，而跑步大概是所有运动中最简单且最容易实现的一种了。

很多人一听到改变人生就心生畏惧,其实大可不必,人生就是由一串串的当下连起来的。刘备临终前告诫刘禅"勿以恶小而为之,勿以善小而不为",人生也是如此,一件件的小事都做好了,慢慢积累下来,生活自然会呈现出令自己满意的状态,即便是当初认为不可能的事情,也在这一步步稳扎稳打的过程中实现了。

《道德经》说:"合抱之木,生于毫末;九层之台,起于累土;千里之行,始于足下。"人生所有的事情都是一步接着一步慢慢做成的,就如我们所有人都是从几斤的小婴儿慢慢长成今天百来斤的成人一样。

人生尚且如此,更何况运动呢?选择一项运动,比如跑步,一开始我们可能3千米都跑不动,那就跑2.5千米、2千米,甚至1千米,慢慢坚持,慢慢增加距离,时间一久,就会在不知不觉间发现自己已经蜕变成了自己理想的样子。

> 当你运动时，
> 你就跟身体在一起，
> 你就在当下

现在被滥用的语句里面，"活在当下"大概要算一个，那到底怎样才算活在当下，又怎样才能活在当下呢？要说起来，活在当下最简单的方式大概就是运动了。人在吃饭时，脑子很难不想其他的；看书、走路时，脑子都不太可能安静下来，但运动时，人的大脑很难同时进行过多的思考。

毛主席的游泳水平和对游泳的喜好是众所周知的，他曾跟身边的工作人员讲，自己小时候体质比较弱，所以就有意识地锻炼身体，屋子前面的池塘就是他的游泳池。他在长沙读书时，湘江又成了他游泳的地方。他一生游过很多地方，如长江、赣江、珠江、北戴河、北京十三陵水库等，真是走到哪里游到哪里。

可能很多人不知道，对毛主席而言，游泳最大的好处并不是强健身体，用他自己的话说，"游泳最大的好处是可以不想事，让大脑很好地休息。吃安眠药、散步、看戏、跳舞都不行，就是游泳可以做到，因为一想事就会下沉，就会喝水"。

王阳明说，大多数人一辈子一事无成，关键的原因并不在于懒而在于忙，这个"忙"就是因为想的事太多太杂，没有片刻停歇，以至于做任何事情都不能一心一意。毛主席大半生转战南北，工作任务之繁重非常人所及，可他看书、写书的数量都让人瞠目结舌，这样大的工作量之下，如果不能保持大脑的安宁，整天东想西想，这可能做到吗？

《阿甘正传》里面阿甘之所以能取得成就，就是因为他心无旁骛："当我累了，我就睡觉。当我饿了，我就吃饭。当我想去，你知道的，我就去。"他的心里没有杂念。

科学家证实，跑步确实有让心绪平静、减轻痛苦回忆的功效，因为那些情绪、痛苦只存在于大脑当中，就跟银幕里的画面一样，时不时啃噬我们，让我们痛不欲生，但它实际上是不存在的。想想我们有多少人活在过去的痛苦当中无法自拔，活在过去的人看起来走了很远，但实际上人生一直停在那一刻，从未真正向前进。阿甘说："妈妈说过，要往前走，就得先忘掉过去。我想，这就是跑的用意。"

当一个人运动的时候，那些情绪和痛苦就会消失。研究者曾经跟踪调查过一些马拉松运动员，在连续训练6个月后，很多原

先缠绕在他们心头的痛苦都消失了。

Wendy Suzuki 在自己的人生发生转变之后,写了一本书叫《锻炼改造大脑》。她在书里说,她自从进入纽约大学创立实验室并从事教学工作以来,掌管科学技能的脑区生机勃勃,而其他的则一片荒芜。她当时就意识到,如果想要幸福,就不应该只重视这一小部分区域,而应该与整个大脑建立联系。更重要的是,大脑与身体也是紧密相连的,运动打通的不仅仅是大脑没使用的区域,更重要的是通过运动,将大脑和身体连接到了一起。

大脑就好像是一个硬盘,而身体则是互联网,平时我们只使用大脑的一部分,而当我们通过运动和各种训练将大脑打开的时候,会发现大脑的空间越来越大,一旦和身体连接上,可使用的空间则变得无限大。我们每一个人都活在一个局域网中,不知道打开这个小小的网络,这世界将广袤无边。

很多人把身体当成一个展示自我的工具,想尽办法去驾驭,去使用,削足适履的事情屡见不鲜。然而,身心是合一的,大多数人之所以无法达成目标,找不到安全感,恰恰是因为一颗心流离失所,不在身体上。世界知名的运动员都有这样的感觉,他们很多创造世界纪录的奇迹般的成绩,都是在身心合一的瞬间出现的。篮球之神乔丹的教练菲尔·杰克逊就在自己的著作《神圣循环》中描述身心合一的状态:"我们都曾经感受过身心合一的瞬间,如果我们完全沉浸在这种时刻中,就能与我们正在做的事融为一体。其中的秘诀就是不去思考,让你的大脑从无穷无尽的繁杂思想中冷静下来,这样你的身体就能本能地做出训练中学会的动作,而不会被意识妨碍。"

凯文·拉塞尔也描述过这种状态:"在这种状态下,会发生各种各样难以想象的事,就好像我们在用慢动作打球,我几乎能预见接下来会发生什么动作,下一次会怎样投球得分。"

在顶级运动比赛的赛场上,比赛双方在技艺、体能上显然不会有多大的差距,这时候,比拼得更多的是个人的心理素质、专注度等非技艺因素。当一个人完全忘我、身心合一地全情投入某件事情时,会产生常人想象不到的奇迹,这在无数名人传记里面都可以看到。我们在生活中,也会有同样的经历,比如对某个问题冥思苦想却得不到答案，但一旦放松下来，就可能会灵感迸发，问题也迎刃而解。

现在很多人都在讲冥想，各种禅修、内观的地方如雨后春笋般出现，其实，什么是冥想？什么是禅修？无非让人脱离现实的纷杂，静心休养一段时间。这种方式不能说没有作用，但耗费的时间、精力和金钱对于很多人而言都是负担。其实，只要每天抽出时间运动一会儿，让头脑中的思考暂停，与身体在一起，能产生相似的效果。

四肢发达，头脑更聪明

中国人骂人，总喜欢说人四肢发达，头脑简单。然而，这并非事实，现实中，事业有成、活得幸福的人大多都爱好运动。前面讲过，像布什、毛泽东、李光耀等都是运动爱好者，先不说别的，就说健康，没有一个好的身体怎么可能干好工作？怎么可能会生活得幸福？

实际上，医学专家通过研究得出结论，锻炼身体的同时，也能锻炼大脑，运动能改善大脑的功能，也就是说，越运动的人越聪明。

2002年在巴黎举行的国际田径大奖赛的总决赛上，美国选手蒙哥马利以9.87秒的速度创造了男子百米世界纪录。据记载，这主要归功于他起跑的反应时间是惊人的 0.104 秒。

科学实验证实，不参加运动的普通人，在接触到信息，比如看到光或者听到声音之后，即刻做出反应的时间通常在 0.3～0.5 秒，而经常运动的人的反应时间则在 0.12～0.15 秒，比前者快了一倍不止。

一个人的反应快慢是大脑是否快速运行的关键性标志。有一个笑话说，小猪、小鹿、小兔、小猴、小狗五只小动物乘船过河，中途遇到风浪，船承载不了这么多重量，必有一只得下船。于是，它们决定用讲笑话的方式来进行淘汰，只要谁讲的笑话有一只小动物没笑，它就要跳下船去。

第一个讲的是小猴子，讲完大家都笑了，唯独小猪没笑，小猴跳下船了……直到大家都讲完了，小猪才哈哈大笑："笑死我啦，小猴子的笑话真是笑死人。"

中国人总认为大脑是固定的，长到一定年龄就定型了，所以有"三岁看大，七岁看老"的宿命论。但这不是真的，大脑是可以改变的，人的认知、观念也都是可以改变的，有"小时了了，大未必佳"，自然也有"小时浑浑，大未必庸"。

美国国立卫生研究院发起过一项由哈佛大学、耶鲁大学、加州大学、康乃尔大学等全球有名的大学主导的"人类脑计划"研究，结果表明：大脑由 1000 亿个类型各异的神经元组成，信息的传输由神经元分支间的突触来进行，这些突触具有可塑性。运动可以明显增加大脑神经纤维、树突、突触的数量，促进大脑的发育。2～5

岁的孩子中喜欢活动的孩子的大脑,比更少活动的孩子的大脑至少大 30%。

世界有名的常春藤盟校在招生时,如果考生在某项体育运动的全国排名中靠前,其录取的机会也要大很多。因为在他们看来,好的运动成绩代表着坚强的毅力、强壮的体魄以及聪慧的大脑。

2016 年,17 岁的成都姑娘王怡茜被宾夕法尼亚大学沃顿商学院与生物科学双学士项目录取。当时这则新闻占据了各大媒体的头版头条,让无数学生和家长羡慕不已,纷纷关注取经。

出乎人们意料的是,王怡茜并不是一个整日埋头苦读的人,虽然她一方面要应付普通高中的课程,另一方面还要准备出国留

学考试，晚上经常熬夜到凌晨一两点，但一到周末，她就会积极参加运动和社会活动。王怡茜从 7 岁开始游泳，初中开始打网球，高中成为校排球队主攻，业余时间还练习了射箭、马术，可以说是运动多面手。

正所谓磨刀不误砍柴工。很多当家长的唯恐孩子浪费时间，恨不能孩子将 24 小时全都用来学习。成年人不仅对孩子如此，对自己也是如此，别的事情上省不下时间，就把吃饭、睡觉、运动的时间全都挪用，殊不知，这样做只会事倍功半。

运动能让人更聪明，还有一个原因是大脑中海马体区域的干细胞具有分裂和增殖的功能。这一功能体现在所有成年哺乳动物的脑内，海马体区域的神经元干细胞增殖不断，终生都不会缺失，所以，人的运动能力、学习能力并不会因为年龄增加而退化，人是具有终生学习的能力的。而运动是最佳的促进神经细胞增殖的方式，持续不断的运动就相当于不断地为大脑更换新的零件，使大脑长期保持最活跃的状态。

运动就是通过重新塑造神经突触和促进细胞增殖的方式来改善大脑，一种运动一旦在身体内形成条件反射，就形成了新的神经网络。运动是最快的建立新的神经网络的方式，而且一旦建立，就轻易不会消失，像我们小时候学会的走路、游泳、骑自行车等，我们终生都不会忘记。中国古人读书，一定要摇头晃脑读出来，这其实是通过口和头的运动来加深记忆。有经验的读书人都知道，读出来确实比默诵的记忆来得快且深。

当然，运动最重要的功能还有唤醒身体的灵性。用原北大校长蔡元培的话说："完美人格首在体育，运动不是别的，只是灵魂的操练。"

身体是有灵性的。我们看那些优秀的运动员以及舞蹈演员，会感到一种无法言说的美。他们似乎具有某种魔力，精神状态和常人看起来似乎不一样，他们的自控力、执行力也更加强大。

身体里储存了太多关于过去的记忆，这些记忆要消除是非常艰难的，因为很多记忆我们自己都不知道，就好像藏在幽暗角落的某样物品，没有特殊情况，根本不会想起来。运动却可以通过肌肉的刺激将这些调离出来，并且消除、转变，对精神世界也起到净化的作用。而且，这些转变都是在运动中不知不觉进行的，就好像阿甘，他只是跑步而已，但人生好多事情就被改变了，看起来自然而然。

运动过的人都知道，心情不好时运动一番，出一身汗，会轻松很多，这就是运动的功效。长期坚持运动的人，将过去积累的负面情绪排出了体外，头脑自然清爽。运动使人更加清醒地活在当下，就好像没有背负重担的旅行者，步履轻快，人生前进得也轻松些。

爱运动就是爱自己

这世界上总有那么一些东西,爱的人视若珍宝,不爱的人弃如敝屣;有的人趋之若鹜,有的人避之不及。如《孔雀东南飞》里面的刘兰芝,无数人对她倾慕不已,可焦母就是不喜欢。这并不是刘兰芝不好,而是焦母缺乏欣赏的眼光。

运动也是如此,喜欢的人三天不运动,浑身难受;而不喜欢的人看到别人挥汗如雨会不屑一顾。运动哪里比得上在家里吹空调、看电视、吃零食来得舒服,这并不是运动真的不舒服,而是他根本不知道运动所带来的快乐。

世界上有两种人:一种喜欢运动,一种还不知道自己喜欢运动。因为如果一个人坚持一段时间,就会情不自禁地爱上运动。

媒体宣扬运动的好处，只是从健康的角度出发，但健康这种东西，只有到了一定年龄，快要或者已经失去健康的老人才会珍视，而拥有健康的年轻人显然不会对这有太深的感触。

实际上，运动带来的绝不仅仅是身体的健康。柏拉图说："神给人进化了两种管道——教育和运动。"

教育相当于在蛮荒状态的大脑当中播撒良善的种子，运动则相当于开垦荒地。教育是人走出愚昧的管道，运动则是人突破自我的管道。

电视节目《奇葩大会》曾经来过一位老师，他讲了自己的经历。有一位学生心情抑郁，几欲自绝于世。于是，他就带着学生去工人体育馆看足球。看球的时候，他让学生跟那些球迷一起大骂。这位学生向来文质彬彬，不擅长这些，他苦着脸说："我不行。"

老师看了看他，没说什么，只跟着球迷们一起大骂起来，浑然忘我。学生见此，知道老师在给自己做示范，于是也壮着胆子跟着骂起来，酣畅淋漓。球赛结束后，学生说："我从来没有感觉到自己这么痛快过。"

现实生活中总有诸多不如意之处，没有人能在这样的环境里面随心所欲，或多或少都会有一些压抑心性的事情，运动则是消解这些压抑的最好方式。人在运动时，大脑会分泌多巴胺、血清素和肾上腺素。这些激素具有让人精神亢奋的作用，医学家认为抑郁症患者就是因为缺乏这些物质所以患病，因此精神性疾病可以通过药物来治疗，补充大脑中缺乏的激素，改善大脑功能。实际上，

比起强行注射药物，运动才是天然的抗抑郁剂，不会有任何副作用。抑郁症患者只要还能打起精神去运动，问题大多都能得到缓解，他的状态再差也差不到哪里去。

当你感到压抑、难受，对一些已经发生的事情耿耿于怀之时，运动会让你有如释重负的感觉，就好像水里的鸭子在遇到困难时，会拍拍翅膀，随后该干吗干吗去。而人则不然，会在那里想上许久，甚至无数年，所谓"君子报仇，十年不晚"便是如此。十年都将仇恨记在心头，让其啃噬自己的心，这是怎样的痛楚？现在一些明智的公司也知道关注员工的心理，会在公司辟出运动空间，让员工闲暇时可以运动，既强健了身体，也有利于排解负面情绪，提高工作效率。

经常会有人说要爱自己，可是中国人，尤其是女性，从来不曾被告诉过如何爱自己。其实真正地爱自己就是让自己从过去中走出来，做自己喜欢做的事情，真正地为自己而活，活得轻松愉悦。

这当中，最好的方式显然就是运动，因为运动能让自己和身体连接在一起。当你和自己的身体连接在一起时，你就活在了当下，你所有的问题都不存在，那一刻，你会感受到前所未有的轻松，所有纠缠我们的都是过去和未来，当下，任何人都没有问题。

《遥远的救世主》里面有一句话：人的法则是，一颗阴暗的心永远托不起一张灿烂的脸。孩子的脸往往灿烂无比，洋溢着光彩，旁人看了心情也变好，而大多数中老年人的脸则冷峻严肃，甚至悲切凄苦，让人看了情绪直往下沉，因为后者积累了太多生活的苦涩而没有排除。但一些喜欢运动、喜欢旅游的老人则不那样，他们永远都笑容可掬。

老话说眼睛是心灵的窗户，对于成年人而言，何止是眼睛，身体又何尝不显示着灵魂的模样？身体和灵魂原是生命的两面，一个爱自己、尊重自己的人，定然不会让身体赘肉丛生、疾病缠身。身体只是灵魂的外化，运动时，身体发生的变化会触及灵魂，让人油然生出一种自己很重要、很值得的感觉。这种感觉来自生命的活力，会让一个人从黑暗的丛林中走出来，向着那无声的光亮走去，这便是生命最可贵之处。

所以，当陷入迷茫，不知该去往何处，不知道该做什么时，就去运动吧！运动会让你迅速连接身体，放下当前的所有烦恼。

开始运动第一步：走过去换鞋子

运动的好处讲过太多次了，已经让人听得耳朵生茧了，道理都知道，可能坚持长期运动的人却是寥若晨星。这是为什么呢？

之所以知道运动好，却没办法采取行动、坚持下去，就是因为大脑拒绝改变。

越胖的人越不爱运动，因为头脑被过去所缠绕，那些不快乐的过往像石头一样压在心头，心里沉重无比，身体如何能轻盈得起来？而观察经常运动的人，我们会发现他们体态轻盈，身体舒展，自我接纳度也高，更让人愿意亲近。

人在生命之初都是爱运动的，看看孩子就知道，他是多么渴望运动，从坐到爬到站立到健步如飞，这中间会磕磕碰碰多少次，

可是有哪个孩子不是痛了哭一哭,便转瞬即忘,继续前行呢?如果人的天性不爱运动,小孩子不会在多次跌倒之后还能爬起来,继续学走路。

《道德经》云:"人之生也柔弱,其死也坚强。草木之生也柔脆,其死也枯槁。"人在出生的时候,身体是柔软的,就跟所有的植物一样,柔韧而坚强有力,到老之时,身体枯槁,血流循环不畅,问题百出。很多老人的皮肤就跟干枯的树皮一样,粗糙不已。除了营养跟不上,吸收不好之外,还有一个重要的原因就是身体"堵"住了。

中医讲"通则不痛,痛则不通"。一个人如果在成长的过程中,积压了很多没有释放的情绪,想做的不让做,经常受打击,身体承受了这些情绪，就会变得凝滞不通，人也会消沉。一个消沉的人是不可能爱动的，这种情况下，就算身体健康心理也会失常。抑郁症患者没有爱运动的，就是因为身体里积压了太多未被释放的情绪。一个人只要运动起来，很多心理问题都可以不药而愈。

我们的头脑消沉久了，就会适应，正所谓"久居兰室而不闻其香，久居鲍室而不觉其臭"。头脑是极具欺骗性的，它为了不改变自己，就会找出种种借口，如天太冷、太热，没吃饭，吃得太饱了，没有合适的衣服、鞋子……任何事情，只要想去做，想做就是理由，不想去做也可以立马找到一千个借口。

之所以万事开头难，就是因为来自头脑的抗拒太强，它会描绘出各种各样的恐惧场景来让我们退缩，其实很多事情都是会者不难。这时候，只要将头脑的这种阻抗力量抛到一边，积极去行动，恐惧自然就会化为乌有，因为那些原本就只是存在于头脑中的幻觉。

头脑只是一个工具，不是你。一旦你将头脑等于自己，那头脑就成了主人，事事都被它所控制，这时候身体会格外紧张，改变起来自然艰难万分。

心理学把自我分成两个部分：一个是自我 1，另一个是自我 2。自我 1 就是大脑和意识层面的自我，自我 2 就是身体和潜意识层面的自我。

大脑是和显意识在一起，而身体则和潜意识在一起。当我们运动时，是和身体在一起，也就是在和潜意识沟通。潜意识一旦改变，那些与潜意识不相融的显意识就会消失，所以大脑定然会全力抗拒这种改变。然而，这种潜意识的力量很难压制，所以不管表面上多么不喜欢运动的人，时不时也会生出想去运动的念头，这是因为生命有着本能的向上的能量。

大多数人都很难不听命于头脑，因为我们现在的大量工作都依靠头脑，很少与身体连接。就跟上文提到的 Wendy Suzuki 一样，头脑的某个区域开发到极致，但其他区域和身体却还处于荒芜状态，这样的人生往往死水微澜，让人感觉毫无活力，犹如机器人，自身自然也很难体验到生命的美好。

很多人强调思考，但太多杂乱的思绪并不会让人聪明、敏锐，只会让人变得混乱，反而是平心静气更能让人获得想要的灵感，NBA 最有成就的教练菲尔·杰克逊也曾经说过："（成功的）秘诀是不要去思考。"

当我们不去思考，头脑安静下来时身体才会运作。身体是与潜意识相连的，当身体运作时，所有的灵感都会出现。也就是说，当一个人超常发挥时，往往都是头脑安静，身体在运作的时候。日本动画《灌篮高手》里面的樱木花道在篮球上一开始并没有什么经验，但当他全神贯注于投篮时，动作却与知名老球员如出一辙。这在旁人看来不可思议，实际上不过是当他专注于投篮时，身体自发给出的最佳姿势而已。

心学大师王阳明有言："立志用功如种树然，方其根芽，犹未有干；及其有干，尚未有枝；枝而后叶，叶而后花。初种根时，只管栽培灌溉，勿作枝想，勿作叶想，勿作花想，勿作实想。悬想何益！但不忘栽培之功，怕没有枝叶花实？"

当你想运动时，就去换上运动鞋运动衣，后续的所有想法都要立马止住。不管是想着运动所带来的好处，还是运动所要承受的辛苦，一旦你开始与自己的想法交流，那么，十之八九你就会被打败。因为惯性的力量无比强大，它会尽一切说服你，直到你败下阵来。

金庸武侠小说《射雕英雄传》里面人才辈出，个个人中龙凤，可是最后成为武林之首、一代大侠的却是最傻的郭靖。金庸在书里表现得很明显，郭靖虽愚钝，但做任何事情都心无旁骛。洪七公教他降龙十八掌，他学一招，就反复练习，直到完全掌握，从不多想，从不贪多，正是他的这种不多想，成就了他一代武学宗师的名号。

所以，当你立志要运动时，不要多想，不要与自己的头脑有任何交流。当室外不适合时可以转到室内，事先订好计划，到时间了，就换上合适的衣服鞋子。你会发现，当你走到门口换上运动鞋时，自己就会忍不住伸胳膊踢腿，后续的运动过程也将水到渠成。

运动不需要坚持

很多人一听到运动就会本能地排斥,脑子里自动出现"运动好难啊""运动很难坚持"之类的话,这几乎已经成了下意识的反应。

可实际上,这是真的吗?为什么我们吃饭、睡觉、刷牙、打游戏等都不需要坚持,一到运动就会想到要坚持呢?

有一位儿童心理专家讲过一个故事,说一位年轻的爸爸坐在电脑前打游戏,两岁的孩子在他身上爬来爬去,害得他不能专心打游戏,于是请教心理专家,怎样才能让自己的孩子安静。专家说:"你凭什么剥夺孩子游戏的权利?"

我们在小时候都是活泼好动的,没有哪个孩子能像老人一样,在太阳下一坐好几个小时。这说明不爱运动并非人的天性,可为什么年纪大了，运动就成了一件需要坚持的事情呢？

所有喜欢的、习惯的事情都不需要坚持，需要坚持的唯一原因就是不喜欢。可是，不喜欢运动并非天性，那为什么我们听到运动时，就会本能地排斥呢？

因为我们在成长过程中接收了太多关于运动的负面信息，一听到运动，就会条件反射地认为：这是一件很难的事情，需要去坚持。当你排斥运动时，又怎么可能做得好运动呢？

一个人饿了，会不加任何抗拒地找东西吃；渴了，会想办法找水喝；困了，会找地方睡觉……这些，都是身体自发的行为，身体本能地有这些需求，当身体的这些需求得到满足时，身体是享受的，只要是身体享受的，就不存在"坚持"二字。

生活中，不管是饮食、运动，还是学习、工作，只有处于享受的状态时，我们才能乐在其中，也才能真正做好一件事。因为你不享受，做完了，结果也不会如你所愿，只有享受的事情，才会过程和结果都圆满。

同样，运动怎么就不能是享受的呢？当你想到要去从事某项运动时，你的感觉不是难受，不是被迫，而是跃跃欲试、欢呼雀跃，这难道是不可能的吗？

当然不是。我们的头脑已经被固有的观念给"挟持"了，听到"运动"二字，浮现的都是不好的印象，但实际上，这是可以更改的。游泳、瑜伽、爬山、滑雪、足球、篮球等，那些常年从事某项运动的人，让他们一直持续的原因多是享受而不是毅力。

人天生就有运动的需求，就像孩子，手脚稍稍有点力，就想爬，就想走，再大一点就想跑，这是一种天然的内驱力，根本不需要外界强迫。所以，我们要做的不是听到运动就排斥、反抗，想当然地认为这是一件难受的，一定要逼迫自己才能完成的事情，我们需要做的是寻找到自己身体所爱的运动，这些可以通过不断的尝试来调整。当你找到符合身体喜好的运动时，运动就跟按摩一样，会是一种享受，几天不去运动，身体反而会难受，就跟几天不吃饭，肚子会饿得咕咕叫一样。

我们的文化惯于让人体验"苦"：减肥是很苦的，要节食，要禁口；学习是很苦的，要早起晚睡；工作是很苦的，要忍受煎熬；运动是很苦的，要坚持……我们太习惯那些让人精神紧绷的词语了，如加油、坚持、毅力、向前冲等，各种励志鸡汤充斥于大街小巷，让人稍微松懈一点，就会怀疑自己跟不上大众的步伐。更没有人敢相信，减肥可以很轻松、很享受，人生也可以很轻松、很享受，似乎人生来是为了受苦的。甚至有人说，婴儿的第一声啼哭就是因为知道往后的日子将是水深火热的。

任何一个有过运动经历的人都知道，运动是一件很享受的事情，做瑜伽时身体的舒展，跑步时身体的轻盈，游泳时像鱼儿一样在水里自由游动……这些不仅活动了肢体，更给人带来精神上的愉悦。之所以会感到痛苦，或许是因为有一些人急于求成，从来没有跑步经历的人一上来就想跑个马拉松，在办公室里坐了多年都不曾运动过，一开始就想做完全套瑜伽运动并且做到位，这怎么可能呢？世间没有速成法，运动也一样，爱上一项运动，习惯一项运动，熟练一项运动，都是需要时间的。

不管自己选择的是什么运动，都需要从身体能接受的量开始，一点点往上增加。比如跑步，也许一开始跑3千米受不了，那么就减少到2.5千米或者2千米，逐步找到一个自己认为合适的量，将其固定下来，不要超出身体承受的极限。不要一次没有达标，就对自己各种谴责，这样子身体自然感觉不好，不愿意再持续下去。

运动并不需要坚持，因为当你运动的时候，你的感觉会变得很好，这种美好的感觉会促使你继续运动。一个从来不爱运动的人，可以肯定他对自己的感觉也不会好，也就是说他不爱自己，因为他的身体过于沉重，"动"不起来。只要一个人能运动起来，那么他的负面、消极的情绪就会在运动中土崩瓦解。

运动是生命中最大的享受，当你运动的时候，你会感到开心，这种开心会加强你的自我肯定，这种自我肯定的感觉累加起来，会让人的身体变得轻盈。运动是享受，而非折磨。

Chapter 07 一切都来得及

不要过于执着地去期盼一些人人都渴望得到的东西,要知道那样东西之所以在你看来很美好,那不过是因为你没有得到而已。幸福是珍惜自己拥有的,而不是得到自己没有的。每个人来到这世间都有自己独特的一条路要走,这条路上的风景不比别处差。熟悉的地方并非没有风景,否则,为何每个人居住的地方都有旅游者呢?

人生如赛车，纵有起伏，始终向前

人的一生，从呱呱坠地到垂垂老矣，生不带来任何东西，死亦带不去任何东西，这中间不过是一个体验的过程。就跟我们去旅行一样，要的不过是旅行路上的那些体验。看些什么，吃些什么，经历些什么，仅此而已。

小孩子明白这一点，所以，他们对世界充满了好奇，不管看到什么都会睁大双眼去瞧、去摸，甚至去品尝，用五官去感受所有新奇的事物。可是，长着长着，他们就被社会集体意识同化了，认为自己一定要得到什么。学习原是生命成长的本能，却在学校里变成了竞争，甚至成为老师和家长比拼自身能力的工具，好似学习不是为了学到知识，而是为了考试。考试原本是用来检验学习成绩的方法，最后却变成了学习的最终目的，导致很多人一考完试就将之前学的东西全都忘之脑后。

我们总是为人生设定各种目标、各种任务、各种方向。人生就好像在奔赴一场又一场考试，在什么年龄该结婚，在什么年龄该挣多少钱，在什么年龄该生孩子，在什么年龄该做什么事。人生好像一场机械的接力赛，若是没在合适的时机到达接力的地点，就会被认为人生很失败。

可是，到底怎样的人生才算是成功的呢？2003年的愚人节，张国荣在香港东方文华酒店24楼纵身跃下，时年46岁，当时震惊整个华人世界。一如他当年主演的《霸王别姬》，不管在戏里还是戏外，他都取得了常人终其一生也难以取得的优秀成绩，论名、论财，绝大多数人都只能仰望。可是，如戏里的虞姬，现实中的张国荣也选择了用自杀这种方式来结束自己的生命，那么，他的人生算是成功还是失败呢？

2017年，写了一辈子爱情故事，也拍了无数爱情影视剧，被所有观众爱称为"阿姨"的琼瑶女士在媒体公开发表言论："我的人生一败涂地，书也不会再写了。"琼瑶从16岁开始发表作品，一生著作颇丰，在华语世界有着广泛的影响力。无论是经济条件，还是知名度，她都到达了极高的水平。可她对人生的总结却是如此，她算是成功还是失败呢？

同样认为自己一生是一场悲剧的还有美国知名投机家Livermore，这是一位传奇人物。Livermore 14岁就在证券市场工作,堪称天才操盘手,10多岁就在证券市场赚到了不菲的身家。在以后的投机生涯中,他几起几落,数次登上财富的顶峰,又数次滑落,是20世纪20年代美国最有钱的富人之一。他在曼哈顿有漂亮的公寓,在纽约长岛北岸有周末住宅,在欧洲有别墅,甚至有一节自用的铁路客车车厢和一架私人飞机,让无数人羡慕。然而63岁时,他在一家旅馆的卫生间里用手枪结束了自己的生命,他的遗书上说:"我的一生是一场失败。"

这些人在各自领域所取得的成绩、财富,都是普通人望尘莫及的。可是,站在生命的终点回望一生,他们对人生的看法却是如此悲观,难道不值得我们深思一下吗?

有人说,人生的荒诞在于想要开荒的人守着果园,想要守着果园的人却在开荒。人们都在羡慕别人的生活,却不知道自己的生活也是别人所羡慕的,"你站在桥上看风景,看风景的人在楼上看你"。所有人都忙着看别人、羡慕别人,农民羡慕工人,工人羡慕白领,白领羡慕老板……每个人都不安于自己所有的,都想要自己没有的,难道篱笆那边的草真的更绿吗?

早些年有一部非常有名的电视剧叫《北京人在纽约》,剧中讲的是,那时候,美国对于中国人而言有如天堂,无数中国人想尽办法去美国,大提琴家王起明和妻子郭燕也是如此。他们放弃了北京安稳的生活,双双漂洋过海。为了谋生,王起明去餐馆洗盘子,郭燕去工厂干活。逐渐地,在生活的磨难面前,两个人分道扬镳。王起明成了暴发户,郭燕也有了新的家,而他们的女儿因为在幼年没有得到父母的照顾,来到美国后各种不适应。最终的结局是,王起明一贫如洗,郭燕流落街头,他们的女儿要离家出走,生活一地鸡毛……

生活中,每个人都想要别人的生活,如别人的美貌,别人的财富,别人的家境……"别人家的孩子"也是父母挂在嘴边刺激自家孩子的话。然而,别人是别人,你是你。生命之美就在于不同,人生并没有模板,只是一场体验,不同的体验都有不同的美,人生并没有一定要到的地方,一定要达成的目标。人生就如电影,终点就在那里,所谓人生不过是从开场到落幕的这个过程,中间自己真实体验了什么才是最有价值的。

阿根廷著名诗人、小说家、散文家兼翻译家博尔赫斯在晚年

写过一首诗,或许能给奔波忙碌却不知为何的我们一点启发:

如果我能够重新活一次

如果我能够重新活一次,

在下一生——我将试着犯更多的错误,

我不再设法做得这样完美,

我将让自己多一点放松,

我将变得更加愚蠢——比起我现在,

事实上,我将认真地做更少的事,

我将不那么讲卫生,

我将冒更多的风险,

我将更多地去旅行,

我将看更多的落日,

我将爬更多的高山,

我将在更多的河水中游泳,

我将去更多地方——那些我没有去过的,

我将吃更多的冰奶酪和更少的酸橙豆,

我将问更多真实的问题——少问那些假想的。

就像那些人中间的一个,我会

谨慎而丰富地

活在我生命里的每一时刻,
当然,我也会有许多欢乐的瞬间——可是,
如果我能重新活着,我将试着只要那些好的瞬间。
如果你不知道——怎样建造那样的生活,
那就不要丢掉了现在!

我是那些人中间的一个:他们哪儿也没有去过,
没有一支温度计,
没有一个热水袋,
没有一把雨伞也没有降落伞。

如果我能重新活一次,
我将向着光明旅行,
如果我能再活一次,
我将赤脚行走,
从春天的开端一直走到
秋天结束,
我将坐更多的马车,
我将看更多的黎明,和更多的孩子游戏,
如果我还有生命去活着——可是我现在 85 岁了,
我知道我即将死去……

靠自己,你掌管自己的人生

有一个古老的传说:在遥远的海岛上藏着一部伟大的书,那部书充满了智慧,只要能找到那部书,便可解决人生中所有的困惑。然而,通往小岛的道路千难万险,九死一生。无数人前往,却都是无功而返,甚至有人命丧途中,成功者寥寥无几。在前赴后继的寻宝者中,终于有一位英雄成功抵达目的地,取到了梦寐以求的宝书,他兴奋地打开藏书匣,看到的却是一面镜子。

英雄灰心丧气,不明所以,他带着宝书回到陆地,智者看到了,告诉他其中的玄机:你要回到你自己。

德尔菲神庙的正殿上刻着的铭文也是:认识你自己。这座神庙供奉的是希腊最聪明的神——太阳神阿波罗。可见,"认识你自己"是阿波罗给予人们的最高启示。

人从一出生起,就开始探索外面的世界,几乎没有人会被教导要向内看,导致的结果就是,人们可以知晓外面世界的广袤,却对自己的内心一无所知,所以即便是 Wendy Suzuki 那样的脑神经科学家都无法感知到幸福。

每个人的人生都由自己掌控,每个人也都有能力掌控自己的人生,关键只在于自己有没有勇气,将主动权拿回自己手中。掌管自己的人生,这对于中国人来说是非常困难的一件事,中国传统文化讲究"在家靠父母,出门靠朋友",中国过去讲究"父母在,不远游",不倡导年轻人主动去开拓自己的世界,这就导致大多数人对于自身所拥有的力量缺乏信心。现在"妈宝男""妈宝女"

的出现也是这种环境造成的。在孩子小的时候，父母就没有鼓励他发展自身的主观能动性，这就导致孩子形成遇事退缩的性格。

很多人遇到事情就会满世界寻找方法，其实，每个人心里都藏着解决问题的方案，只不过我们太习惯于向外寻求了，所以不知道解决问题之道就在自己。

很多人有这样的体验：当自己对一个问题冥思苦想找不到解决方案时，会在某一个时刻突然灵光乍现，问题迎刃而解，有如神助。这其实并不神秘，当我们的思考过于复杂时，就与外界形成了一道墙，再多的答案也看不到；当内心宁静时，这道墙就消失了，解决问题的方法自然会涌现出来。

勒庞的《乌合之众》里面有一句警世名言："不管群众需要什么，他们首先需要的就是一个上帝。"当我们把寻找问题解决方法的主动权交给别人的时候，就等于放弃了自身的力量。一个人解决问题的能力就跟肌肉的力量一样，是不断训练出来的，解决的问题越多，解决问题的能力也就越强。

就如减肥一样，每个人长胖的原因不一样，体质不一样，生活习惯不一样，性格口味也不一样，所以减肥方法定然也不一样。但很多人不从自身寻找原因，只会按照专家所说去节食，吃那些自己难以下咽的东西，认为这样就可以减肥，哪怕尝试多次无效也不肯放弃。

当你不断把力量交给别人时，你自己的力量就削弱了。你将力量交到别人手中，就相当于放弃了自己解决问题的权利。如此，你永远不会感到自己有力量，你的人生就如一片飘零的树叶，一旦那个能帮你解决问题的人离开了，你就会感觉无依无靠。很多人到中年便觉得人生无所依傍，因为年轻时很多问题父母帮着解决了，等到了中年，父母老去，就觉得失了主心骨，手足无措，生出"人生天地间，忽如远行客"之感。

有一个故事叫"求人不如求己"，说一个人在屋檐下躲雨，正好遇到观音撑伞走过。他赶忙施礼道："观音菩萨，普度众生，带我一段如何？"观音说："我在雨里，你在檐下，檐下无雨，你不需要我度。"这人即刻跳出屋檐，说道："现在我也在雨中了，可以度我了吗？"观音说："你在雨中，我也在雨中，我不被淋，因为有伞；你被雨淋，因为无伞。你要想度，不必找我，请自找伞去！"说完便走了。

隔日，这人又去寺庙里求观音，走进去，发现观音像前有一个人在拜，那人长得和观音一模一样，他试探着问道："你是观音吗？"那人回答道："我正是观音。"这人奇怪地问道："那你为何拜自己？"观音笑道："求人不如求己。"

世本无法，人人皆佛。佛陀临终前，他的弟子们围绕在他的身边，涕泣请求他指点日后修行的法门，佛陀只说："以己为灯，以己为靠，以己为岛屿。"我们每个人在这世间都是孤独迷茫的，很多时候不要说能帮忙的人了，可能连诉说的人都没有，因为每个人都有自己的事情要忙，都有自己的情绪要抚慰。父母恩深终有别，夫妻义重也分离，没有任何一个人可以一天二十四小时陪伴在你身边，我们能做的只能是自己站立起来，掌管自己的人生，相信自己的力量。只要相信自己，勇敢去尝试，自己想要的人生就有可能实现。

你已经足够好

人是最奇怪的生物，总认为自己只有拥有什么才是有价值的，才是完美的，才是值得爱的。抑郁症已经是会导致人类死亡的高发病，患抑郁症一个重要的原因就是认为自身没有价值，人生没有意义，自然界大概没有哪种生物会因为自觉没有价值而选择结束生命，而人却在人生意义、人生价值这个问题上百思不得其解。

山石上、台阶前、屋顶囤积的沙土上，都能看到一株小草迎风摇曳，绽放生命活力。谁能告诉我，一棵小草有什么意义呢？如果这棵小草也如人一样，整日感慨生活如此艰难，人生如此孤单，活着还有什么意义，那么在那荒瘠的地方，它还能活下去吗？

"草木有本心，何求美人折！"没有哪一株植物会去寻求生命的意义，不管草籽落在哪里，只要有机会便会生根、发芽，努力生长；没有哪只小鸟会去寻找生命的意义，只要有机会，它就会努力飞翔，活出生命的光彩。

而人却总是要探寻这些找不到答案的问题。

人一出生便是完整的、有意义的、美丽的，因为存在本身就是美，就是完整，就是意义。你只要原原本本地活出自己便是世间最美的风景，不需要变得更好、更漂亮、更有钱，那些都是外界强加的观念，都是谎言。

大文豪泰戈尔说："人不该去追寻存在，你原本就存在；也不该去追寻或证明存在的意义，存在的本身就是意义。"

是的，人和自然万物一样，生来便是美的，生来便是有意义的。我们看到孩子，会去询问孩子有什么意义吗？不会。任何人看到孩子，都会由衷地开心，这便是存在的意义、存在的美，每个人生来就是孩子，生来就是美。

过去皇帝为了神化自己，总会说自己出生时天有异象，如：

史书记载，汉高祖刘邦出生时，雷电交加、风雨大作，天地为之昏暗，有蛟龙破窗而入，盘旋于产床之上；

汉安帝刘祜出生时，神光充盈于产房，一条赤红巨蛇盘旋于床帏之上；

魏文帝曹丕出生时，青色云气在产房上空凝结，终日不散；

晋元帝司马睿出生时，有神光将整个产房都照亮了；

宋武帝刘裕出生时，产房被神光照耀，一室尽明，不用灯烛；

宋文帝刘义隆出生时，整个江陵城上空都有紫色祥云笼罩，史载"有黑龙见西方，五色云随之"；

后梁太祖朱温更神奇，他出生时，产房内赤红的云气直冲云霄，左邻右舍以为他家着火了，都提水来救……

诸如此类的故事，史书上不胜枚举，现在大家都知道，那不过是封建帝王愚民的手段而已，但在当时，却具有蛊惑人心的作用。实质上，"天地不仁，以万物为刍狗，"这些帝王将相跟普通人一样，都是肉体凡胎，上天并没有更喜欢谁更不喜欢谁，但那些成就大事业的人，没有一个不认为自己是具有非凡价值的。刘邦还是一个街头混混时，看到秦始皇出巡便说"彼可取而代之"，一般人肯定想都不敢想。"王侯将相，宁有种乎"的呼喊之所以伟大，就是因为当时人们都认为王侯将相是生来的龙裔，非寻常人，而陈胜打破了这一谎言。

我们在现实中接收到的——你不够美，不够苗条，不够有钱……种种削弱你信心的思想，也都是谎言。原本，你就是完美的，你不需要去获取更多，变成另外的样子。现在的你就是完美的，从来到这个地球上开始，你就是圆满的，你需要的不是去外界获取，而是展示你本来的样子。

生命的原貌就是和谐、完美、圆满、自由、无限、富足、喜悦的，而匮乏、不够好、需要更多，只是外界的谎言。当你接受了这些谎言，出于匮乏和恐惧去做一些事情，那么你可能得不到自己想要的，反而感受到的还是匮乏和恐惧。《渔夫和金鱼》的故事大家都看

过,这个童话故事说出了人世间最简单的道理:人的贪欲是无法满足的,如果你觉得不够,就会永远不够,就像那个贪婪的老太婆,欲求永远没有满足的时候。好比那些贪官,虽然拥有的财富几辈子花不完,却还是忍不住伸手去贪,这难道是因为他缺乏吗?

人生存所需要的东西其实很少,与其说是"需要",不如说是"想要"。现在人们说的"刚需"真的是没有了便没法生活吗?显然不是。更多的"刚需"是人为创造的,为了膨胀自我。如果一个人知道并且深深地相信,自己的存在便是完美的,他便不会有太多的需求、太多的焦虑,不会想要拥有更多,也不会想要改变什么,因为他拥有自己想要的一切,对外界没有更多的需求。

《圣经》中讲:"凡是有的,还要给他,使他富足;但凡没有的,连他所有的,也要夺去。"当一个人出于匮乏而获取时,他是没有创造力的,他的力气都用在从外界抓取上了,最终会发现,那不过是水中捞月、竹篮打水。只有出发于内心的时候,人才有活力,才能创造出新鲜的东西。稻盛和夫、乔布斯、比尔·盖茨,他们有谁是出于匮乏去做事,去创造企业的呢?

有一部电影叫《生活多美好》,主人公乔治因为自感人生失败,一事无成,准备在圣诞节结束生命。上帝派了一个天使来拯救他,在天使的引导下,乔治开始回看自己的人生。他发现,在他的成长路上,他曾经帮助过不少人,如果自己没有来到这个世界,很多人的人生会变得不幸和痛苦。

很多人回想过去,会无比懊恼,想着如果当初如何,现在可能会如何。然而人生就是要经历这些,去认知,去感受,去体验,这便是人生,人生来就是体验百般况味的。遇到什么就去体验什么,以感恩、淡然的心去看待一切,生活会全然改变。

玫瑰无因由,花开即花开。一个孩子的出生,新生命的降临,这本身就是极美的一件事,为何长大了就开始怀疑自身价值,思考人生意义呢?存在就是价值,存在就是意义,就像太阳一样,它的存在照耀了万物,这便是其意义,它还需要被质疑吗?每个人都是一个小太阳,存在本身就照亮了周边的人。你只需要活出真实的你,你不需要变成别人,因为你本来就已经足够好。

如果你期盼的瘦没有到来，那说明瘦不是你的最佳利益

《淮南子·人间训》里面有一则故事，说边塞之地有一个精通术数的人，家里的马越界跑到胡人那里去了，大家都安慰他，他毫不在意地说："为什么这就不是福气呢？"

不承想，过了几个月，他家的那匹马不仅自己跑了回来，还带来了一匹胡人的马，大家又来祝贺他，他依然不在意地说："怎么知道这不是祸端呢？"

胡人的马高大健壮，俊美非凡，他的儿子很是喜欢，经常骑着飞奔，结果从马背上摔了下来，折断了腿骨，大家又来慰问他，他还是面不改色地说："怎么知道这不是好事呢？"

过了几年，胡人大举入侵边塞，健壮的男子都被征兵入伍，

战事惨烈,非死即伤。他的儿子因为腿伤不在征兵之列,得以保全性命。

这就是"塞翁失马,焉知非福"。

每个人所拥有的都是最好的,但没有几个人真的明白,总想要更多、更好,实际上并没有更多、更好,月盈则亏,水满则溢,在你的心里还没准备好接受太多的时候,真的拥有了太多,带来的可能不是幸福而是灾难。

英国有一部小说叫《猴爪》,故事说一位退伍的英国士兵从印度得到一只被高僧加持过的猴爪,将这只猴爪放在右肩上就可以实现三个愿望。

士兵与一对老夫妇是好朋友,这对老夫妇住在偏僻的地方,

有一个儿子,一家人过着幸福而平静的生活。听到士兵讲的这个故事,老夫妇对这只猴爪很是好奇。退伍士兵再三警告他们,虽然猴爪能实现愿望,但也会带来不好的事情,然而老夫妇还是坚持留下了猴爪。

老头子没能抵制住内心的欲望,在一个晚上将猴爪放在右肩上许愿,要得到 200 万英镑。果不其然,第二天,有人来送给他们 200 万英镑。然而,那 200 万英镑是他们儿子的保险金。他们的儿子不幸遇难死亡。

老妇人无法接受这个事实,她用猴爪许下第二个愿望:让我儿子回来。深夜,被敲门声吵醒的老夫妇惊恐地看到变成了僵尸的儿子。

在无比的恐惧之下,老头颤颤巍巍地拿起猴爪许下第三个愿望:让死人回到他该去的地方。

最终,一切回复平静。只是,老夫妇的儿子再也回不来了。

大多数人因为不知道自己要什么,所以才会去艳羡别人拥有的,看到别人有什么也会想要。然而事实是,对别人好的东西给到你,未必会带来好处。你想要的东西如果老天爷没有让你得到,那也许是老天爷在护佑你、爱惜你,因为那个东西带给你的,会是灾难,而不是幸福。

很多人喜欢买彩票,无不期盼着有朝一日能中大奖,从此鲜衣怒马,衣食无忧。早几年,东北有一个人连中两次 500 万元的大奖,堪称奇迹,这人就是曾经名噪一时的"东北彩王"马洪平。

一下子拥有了这么多金钱，马洪平欣喜若狂，干脆辞职，专门研究彩票，自名为"彩票研究者"，买起彩票来毫不吝惜，一次出手就是上万块，千万元的奖金不知不觉就挥霍一空。由俭入奢易，由奢入俭难，习惯了享受的日子自然不愿意再回去工作。没了钱就四处借，借不到了就骗，最终马洪平因为诈骗而身陷囹圄。

世界各地因中大奖而家破人亡、妻离子散的事例不胜枚举，美国的数据统计表明：中过彩票大奖的人里，有大约三分之一的人在中奖五年内宣布破产。无数人都希望天上掉馅饼，都以为中了大奖就能够从此过上幸福的生活，可研究发现，中大奖之后的结局多是不好的。

很多人中了大奖之后，心惊胆战，坐立不安，惶惶不可终日，心里不得平静；还有一些人会选择远离原先熟悉的亲戚、朋友圈，避免太多人前来借债；没有远离的，很可能众叛亲离，至亲之间也会因为分配的问题而产生种种矛盾。当然最多的是挥霍无度，盲目投资，赌博成性，不仅将原有的积蓄全部花掉，甚至负债累累，锒铛入狱。

《道德经》言："金玉满堂，莫之能守；富贵而骄，自遗其咎。"

在拥有了巨额财富之后，能够继续平静生活的人不到两成。不仅彩票如此，生活中类似的事情比比皆是。就跟节食会导致暴食一样，人手中没有多少金钱时，欲望自然会被压抑，一旦财富暴增，被压抑的欲望就会暴发，像决堤的洪水一发不可收拾。

人之所以痛苦，不是因为拥有的太少，而是因为想要的太多。

不少人都忙着去艳羡别人所拥有的，却对自己拥有的不屑一顾，却不知，有些东西对别人而言是福，给自己带来的却可能是祸。天底下所有女人都希望自己拥有美貌，可是自古以来，不知有多少美貌的女人薄命，不得善终。阮玲玉、翁美玲、蓝洁瑛都是名震一时的大美女，可是，美貌带给她们幸福了吗？

一个必须整日辛苦劳作才能活命的穷人祈祷着，来生一定要去天堂。他死了之后到地府，阎王问他天堂是什么样子的，他说天堂里有花园有美女，有享用不尽的财富，可以尽情地玩，尽情地吃，什么都不用做，快活似神仙。

于是，阎王将他送到他理想中的天堂，有美食、美景、美人，当真是前所未有的幸福与快乐，穷人每日优哉游哉，好不快活。

可日子一天天过去，他开始感到不满足了。美食不再可口，游戏日渐乏味，美女们也越发无趣，他开始寻求工作，没想到却被拒绝了，因为他的天堂里没有"工作"这项内容，只有享受。

沮丧之余，他开始愤怒地号叫："这算什么天堂？"

看看，这是不是我们所有人的样子呢？上班的时候都盼望着节假日，可若真是休息得久了，又会百般想念上班；一个人的时候想着有朋友一起玩，真的有朋友在一起热闹了，又怀念一个人的安静……

人生就是一场体验，酸甜苦辣咸，诸多滋味在一起才构成圆满的人生，若是只有一种味道，任谁都会嫌其单调乏味，哪怕那是众所期盼的甜。每个人都希望瘦而美，可是，就跟金钱不一定带来幸福一样，瘦和美也一样会带来诸多烦恼，只是那些烦恼在我们拥有瘦和美的时候想象不到而已，所以才会有一个词叫"悔不当初"。

自然界有很多食物对人体很好，可小孩子却不能吃，因为他的脾胃尚未健全，消化不了，强行给他只会导致疾病。同样，对于成人来说，那些世人都期盼的好东西，如金钱、权力、美貌、苗条的身材，并不是真的对每个人都好，当你的内心还没准备好接受这些的时候，它只会带来灾难，如上述故事中的马洪平。

当你无论如何努力也得不到理想的身材时，要做的不是自怨自艾，抱怨生活不公平，要明白，那很可能是因为苗条不会带给你好处，反而会带给你灾难。也许苗条之后，更加漂亮的你会吸引来一个让你悔恨一生的追求者；也许变瘦之后身体反而越来越差了，各种毛病都出来了……没有打开上帝视角的你如何会知道呢？

不要过于执着地去期盼一些人人都渴望得到的东西，要知道那样东西之所以在你看来美好，那不过是因为你没有得到而已，幸福是珍惜自己拥有的，而不是得到自己没有的。每个人来到这世间都有自己独特的一条路要走，这条路上的风景不比别处差，熟悉的地方也并非没有风景，否则，为何每个人居住的地方都有旅游者呢？

人生永远没有最晚的开始

在对人生的种种抱怨当中,最多的一种大概就是:我都这把年纪了……

人生的意义并不在于过去经历了什么,走了多久,而是要从现在出发。所有的体验都是当下的,都是刹那,"时间只是人体记忆中的错觉,时间根本就不存在"。心理学家和科学家早已发现了这一现实:过去和未来都是幻觉,人真正活着的只有此刻,永远都在此刻。当你想要做什么的时候,就要从此刻开始去做,因为未来永远不会到来,而过去也只是一个谎言。

什么年龄做什么事,这并不是什么真理,人类历史上,年纪很大才开始做自己想做的事情的人比比皆是:

齐白石 27 岁才开始正式学画画；

刘备三顾茅庐时已经 46 岁，诸葛亮也已"奔三"；

刘邦在沛县聚众起义时已经 47 岁；

姜太公一直到 80 岁才遇到周文王……

2001 年，美国华盛顿国立女性艺术博物馆举办过一场名为"摩西奶奶在 20 世纪"的画展，画展的主人公摩西奶奶是一位传奇又励志的人物。她年轻的时候就非常想画画，然而身边的家人和朋友都告诉她，你一个农场姑娘，人生就是嫁给一个农场小伙子，生几个孩子。在周围的压力下，摩西奶奶如众人所愿地成家、生孩子，然后跟大多数人一样，养大孩子，成了祖母、曾祖母。在她 75 岁那年，她的丈夫去世了，孩子都已长大成人，农场的工作也不再适合高龄的她去做了。面对空空如也的人生，摩西奶奶想起了一直潜藏在内心的愿望，她买来颜料、画布和画笔，在家里开始画画，78 岁那年完成了她人生的第一幅画作。101 岁的时候，纽约一家知名画廊为她举办了个人画展！

"摩西奶奶在 20 世纪"展出了 87 件摩西奶奶的经典画作和遗物，引起世人关注。其中一张明信片是她给一位日本人的回信，上面有一段话："做你喜欢的事，上帝会高兴地帮你打开成功之门，哪怕你现在已经 80 岁了。"

这个日本人名叫渡边淳一，当时他很疑惑，不知道是否应该辞掉外科医生的工作从事自己热爱的写作。大家都知道，渡边淳一是日本知名作家，《我永远的家》《红城堡》《失乐园》等获

得世人广泛赞誉。

在中国也有这样一位老人,他叫赵慕鹤,1911年出生。大家都知道那时候的中国多灾多难,他36岁参加徐蚌战役,39岁背井离乡来到台湾地区,66岁退休。

退休后,他想看看这个世界,来一场说走就走的旅行。为了方便上网买票和旅行,他开始自学电脑和英文,朋友知道了都笑话他:"老赵,你都要死了,还学什么电脑呢?"他也不介意,笑道:"可是,我现在还活着呀!"

是呀,过去的已经过去,现在活着就要好好活着,不是吗?

87岁时他的孙子要考大学,为了鼓励孙子,他也报了名。最终,他考上了中国台湾空中大学艺术系。有人给他泼冷水:"如果你读完,我给你下跪。"结果是他4年里修满了128个学分,顺利毕业。

95岁，他又去考硕士，挑灯夜战3个月，考上南华大学哲学研究所。

2015年，他又开始到大学的中文系旁听，准备考取博士学位，用他的话说："人生中唯一的幸福，就是不断前进。"

不管今天的你是30岁、40岁抑或是50岁，但这又有什么关系呢？

法国著名作家罗曼·罗兰在他的名作《约翰·克利斯朵夫》中说："大部分人在二三十岁就已经死去了，因为过了这个年龄，他们只是自己的影子，此后的余生则是在模仿自己中度过，更机械、更装腔作势地重复他们在有生之年的所作所为、所思所想、所爱所恨。"

生活中绝大多数人按照社会的规范，读书、工作、买房、结婚、生子，到了中年，一切都按部就班，再无新意，人生也渐觉无趣。如罗曼·罗兰所说，这不过是在过去所形成的惯性里活着，如一潭死水，早已失去了流动性。

还活着，便是去做自己想做的事情的理由，又为何怕晚呢？如赵慕鹤所说："我现在还活着呀！"所谓太晚，不过是怕时间不够，来不及成功，可是，做便是一切，至于成功与否又有什么关系？

蜀之鄙有二僧：其一贫，其一富。贫者语于富者曰："吾欲之南海，何如？"富者曰："子何恃而往？"曰："吾一瓶一钵足矣。"富者曰："吾数年来欲买舟而下，犹未能也。子何恃而往！"越明年，贫者自南海还，以告富者，富者有惭色。

这个故事是说蜀国有两个僧人,一穷一富,穷僧人对富僧人说:"我想去南海,怎么样?"富僧人说:"你凭什么去呢?"意思是说穷僧人一无所有。

穷僧人说:"我只要一个水瓶和一个饭钵就够了。"

富僧人说:"多年来,我一直想雇条船顺江而下,结果到现在还不能成行,你怎么能行?"

第二年,穷僧人从南海回来,告诉富僧人这件事,富僧人听了羞愧不已。

一件事,如果想去做,理由只需要一个:我想做。反之,若不想做,可以找出千万条理由:没钱、没精力、没时间、年纪太大,等等。没有一个成事的人是等万事俱备才去做事的,如果比尔·盖茨说等到大学毕业,等到手上有足够的启动资金,等有了志同道合的合伙人……那么,微软也许现在还未出世。

内心想做的事情,如果等到以后再去做,那么那个以后永远不会到来;如果悔恨现在太晚,那么以后也会时时后悔没有早点开始,因为不管做与不做,人生都会向前走。

"朝闻道,夕死可矣。"人生永远没有最晚的开始,真正晚的是你从未开始。如果你想减肥,就不要想着如果当初怎样,现在就怎样。当初已经过去,那么就从现在开始,不管你现在处在怎样的年纪,怎样的生活状态,都可以从当下开始。唯有从此刻开始行动,才能达到自己想要的目标,正如知名作家 Dambisa Moyo 所说:"种一棵树最好的时间是十年前,其次是现在。"

人生只有一次,要爱自己

爱自己,原是人之本性,是与生俱来的本能。一个人如果不爱自己,他怎么可能懂得如何爱别人呢?正如一个乞丐,他如何会有钱给予别人呢?爱别人的前提是自己有充盈的爱,不管给出多少,自己的爱都是满满的。

现实生活中,人们口中所说的爱更多的是一种交换,"我爱你,你为什么就不能为我着想一点点呢?"爱被用来作为交换的筹码,这并不是真的爱。真正的爱如太阳一样,普照万物,但不会减少。

管仲临死前,齐桓公向他讨教谁可以辅佐自己治理国家,管仲告诉他,一定要远离易牙、卫开方、竖刁三个人。齐桓公有些为难,因为这三个人恰恰是他最宠信的。

易牙为了满足国君的要求，不惜烹煮了自己的儿子；卫开方为了能够侍奉在齐桓公身边，15年没有回过家，父母去世也不回家奔丧；而竖刁为了表示对齐桓公的忠心，自行阉割成为宦官。

齐桓公不理解管仲的话，认为"他们为我做到了这种程度，我怎么能忘恩负义呢"，所以他没有听进去管仲的话，依旧以他们三人为左膀右臂，随侍左右。

然而，没过几年，齐桓公病重，易牙与竖刁等弃太子不顾，转而拥立公子无亏，齐国因此发生内战。齐桓公被这三人关进宫城内，活活饿死。

当一个人以自残、伤害自己的方式来爱你的时候，那不是爱，更准确地说那是胁迫。爱是自由的，是开放的，爱当中不会有任何的勉强。很多男性为了获取女性的爱，选择暴力的方式，如跳楼、自杀、割腕之类的，很多女人为之感动，认为对方离不开自己。然而一旦进入婚姻，就会发现，那些曾经加在他们自己身上的暴力会变为自己身上的灾难。

那并不是爱，那只是强烈的占有欲，而爱不是以占有为目的的。

一个人若爱自己，他不会对自己百般挑剔，对自己各种不满，他会接受自己身上存在的各种缺点，就跟接受孩子有各种不足一样。爱是允许，是包容，是鼓励，是接受，爱是有力量的。这股力量会让一个人散发出光芒，在任何时候都不会迷失自己。

什么是爱自己呢？爱自己就是在混乱的世界里找到真实的自己，不会在碌碌红尘中迷失了自己。

电影《无问西东》很好地解答了这个问题。

20世纪20年代的清华大学，文科满分的吴岭澜，在理科上却屡屡不及格。那是一个倡导"实业兴国"的时代，吴岭澜坚决要读理科，校长梅贻琦让他换成文科，他直接拒绝。文科是内心喜好，

理科是现实需求，何去何从？吴岭澜静心思考，终于，他听到了内心的声音，弃理从文，不再在时代的潮流中寻求踏实感，而只求内心的真实。

20世纪40年代的西南联大，富家少爷沈光耀投笔从戎。母亲从家乡赶来，让他想清楚，不要在还没开始人生之时就已经失去

了生命。沈光耀不是没有挣扎过，因为沈家不稀罕他扬名立万，寡母一人将他养大，也只希望他安稳度过平生。思索再三，沈光耀还是决定听从内心的声音，参加空军。

…………

《无问东西》的最后，活在当今社会的张果果也面临着种种艰难抉择，他代表公司挑选为援助对象的四胞胎需要救助，而他自己却在工作上遭遇到了麻烦。救还是不救？不救，违背自己的良知；救了，在这个讹诈遍地的时代，谁知道后面会不会是无尽的纠缠？最终，张果果选择了听从内心的声音，继续救助，而这份善良也终于收获了善意的回报。

爱自己，不是给自己穿上更多的名牌服饰，不是给自己吃更贵的食物，不是把所有的钱都花在自己身上，不是用物质包装出一个美丽的躯体，而是在精神上独立、自由，爱自己所爱，爱自己所做，接受发生在自己身上的一切。如电影中的王敏佳，一开始的她青春漂亮，拥有美好的经历，看起来拥有许多，然而她并没有真正地爱过自己，她的内心有着对过去的惶恐和莫名的虚荣。这一切都是因为她不够爱自己，不肯接受真实的自己。当繁华落尽，她的真实状况被挖掘出来，她也被殴打毁容，重生之后再度出现的她才是真实的她，才是真正懂得爱自己的王敏佳。

"我爱你们年轻时的脸，更爱你们现在饱经沧桑的容颜。"真爱是没有条件的，是平和的，无关乎占有多少，无关乎荣耀，更无关乎拥有什么。你本身就光芒万丈，所有的外物在真实的你面前都暗淡无光。真实有爱的你会因为绿芽出土而心生喜悦，会对初升的朝阳欢呼跳跃，你会给别人善意和温暖。但是，在赞美别的生命的同时，你也要知道，自己是同样美好和珍贵的。这样的你，又怎么会因为身上的一点脂肪而视自己如草芥，对自己弃如敝屣？

当你爱自己时，不管你做什么，和谁在一起，你的内心都是平和而喜悦的。这样的你，不会因为世界的混乱而迷失自己，不会因为丧失信心而随波逐流，不管身在处何处，你都是一盏明灯，照亮自己，也照亮别人。

一个对自己的身材挑剔不满的人肯定是不爱自己的，因为爱自己最直接的体现就是爱自己的身体。身体是我们在这世间行走的工具，一个人要想学会爱自己，首先就要学会爱自己的身体，欣赏自己的身体，感恩自己的身体，不要为了在人前呈现好看的样子而虐待自己的身体，为了头脑的享受而熬夜、酗酒等，做出种种伤害身体的事情。爱自己的身体，尊重身体的意愿，身体自然会呈现出你想要的理想形态。